孙宝国　张宁　编著

香精概论

生产·配方与应用

第**3**版

Third Edition

化学工业出版社

·北京·

内容简介

本书包括香料、香精制造、香精应用三部分内容，以日用香精和食用香精为主体进行介绍，详细介绍了香精基本理论及其在不同领域内的应用。主要内容包括：香精的基础理论知识，日用香精及其应用，食用香精及其应用，烟用香精及其应用，酒用香精及其应用，香精在饲料、印刷品等其它方面的应用，以及新技术在香精工业中的应用。同时单独增加章节介绍近年来在香精工业中应用的新技术。在附录中列出应用日用香精产品的名单及相关要求。

本书可供化学工业、精细化工的生产、科研和教育人员使用，也可作为精细化工、食品工程等专业的学生教材。

图书在版编目（CIP）数据

香精概论：生产·配方与应用 / 孙宝国，张宁编著
. — 3 版. — 北京：化学工业出版社，2024. 6
ISBN 978-7-122-45402-7

Ⅰ. ①香… Ⅱ. ①孙… ②张… Ⅲ. ①香精-概论-高等学校-教材 Ⅳ. ①TQ657

中国国家版本馆 CIP 数据核字（2024）第 071137 号

责任编辑：赵玉清　　　　　　　　文字编辑：昝景岩
责任校对：王鹏飞　　　　　　　　装帧设计：韩　飞

出版发行：化学工业出版社
　　　　　（北京市东城区青年湖南街 13 号　邮政编码 100011）
印　　装：河北鑫兆源印刷有限公司
710mm×1000mm　1/16　印张 16　字数 267 千字
2024 年 6 月北京第 3 版第 1 次印刷

购书咨询：010-64518888　　　　　售后服务：010-64518899
网　　址：http://www.cip.com.cn
凡购买本书，如有缺损质量问题，本社销售中心负责调换。

定　　价：68.00 元　　　　　　　　版权所有　违者必究

前言

本书第一版于 1996 年 7 月出版，第二版于 2006 年 1 月出版，承蒙读者厚爱，此期间多次印刷，促使作者下决心开展本书的修订工作。近年来，随着我国经济社会的快速发展，人们对加香产品的需求日益增加，这也促进了香料香精行业的不断发展。2023 年，我国香料香精工业总产值近千亿元，在国民经济中占有重要地位，但从趋势上来看，整体发展速度放缓，相比于世界发达国家还存在着一定差距。

香味在人们生活中特别而广泛存在，一年四季、时光流转，香味穿梭于时间与空间的各个角落，常常带来美好的遐想与回忆。也正是如此，香精作为各种加香产品的灵魂，体现出其独特的魅力并对消费者产生极大吸引力。香精的重要性还体现在它是现代社会人类高质量生活不可缺少的重要物质，能够美化生活、提高生活品质。随着消费群体的变化，人们对加香产品的要求也不断增加，体现在食品、日用品等产品品类扩大与创新等方面。这也对香精的创作者和制造者提出了更高的要求。

第三版保持了第一版和第二版的风格，内容包括香料、香精制造、香精应用三部分内容，除对相应内容进行更新外，以日用香精和食用香精为主体进行介绍，同时增加了一章介绍近年来在香精工业中应用的新技术。在附录中列出了应用日用香精产品的名单及相关要求。

本书修订工作由北京工商大学教授孙宝国博士、副教授张宁博士完成。由于本书涉及的香精种类和配方繁多以及我们自身专业水平的限制，书中不妥之处，恳切希望各位读者批评指正。

孙宝国
2024 年 1 月于北京工商大学

第一版前言

香料是精细化学品的重要组成部分，它包括天然香料、合成香料和香精三个方面。有关天然香料和合成香料方面的图书已有数种出版发行，但比较系统地介绍香精知识的图书却很少见到。为此，经查阅了近20年来有关日用化学品香精、食品香精、烟用香精，以及其它工业用香精的书刊和专利，结合长期从事教学和研究积累的经验编写了此书，对香精的生产、香精的配制和应用均做了介绍。

近年来在化学工业领域中，精细化工的生产、科研和教育均有了很大的发展，精细化工已成为高等工科院校的热门专业。拓宽学生的知识面，是编写此书的另一目的。如果精细化工、食品工程、烟草工程等专业的学生，能够学习一些香精香料方面的知识，对他们适应多方面的工作要求是很有好处的。在编写此书时，在注意概念准确性的同时，还注意了全面性、系统性和理论联系实际性。

本书共分八章，1～4章由北京轻工业学院孙宝国编写，5～8章由何坚编写。除本书所列出的主要参考书目以外，还从近十年来的期刊中，例如《香精香料化妆品》《精细化工》《精细石油化工》《中国调味品》《中国食品》《食品科学》《食品工业科技》《四川食品工业科技》《现代日用科学》《上海轻工业》《天津轻工》《北京日化》《江苏日化》《四川日化》《黑龙江日化》等，吸收了很多有益的资料。在此谨向这些作者们致以谢意。由于水平有限，书中错误在所难免，敬请专家、读者批评指正。

编者

1995 年 12 月

第二版前言

本书第一版于 1996 年 7 月出版，承蒙各位读者的厚爱，10 年中多次印刷，促使作者下决心修订本书。10 年来，国内香精行业发生了很大变化，新增加了很多生产企业，许多老企业也进行了改制、合并或重组，作者所在的北京轻工业学院也和北京商学院合并组建了新的北京工商大学。香精作为一个原料配套性行业在国民经济中的地位越来越重要，2005 年中国香料香精的产值约 200 亿元人民币，相关加香产品的产值一万多亿元人民币，其中仅烟草工业的利税就占全国的十分之一，在国民经济中占有重要地位。

香精的重要性还体现在它是现代社会人类高质量生活不可缺少的重要原料。例如，深受时尚男女推崇的香水其有效成分是香精，深受男女老幼喜爱的冰淇淋其诱人的香味主要是由香精提供的。香精是各种加香产品活的灵魂，没有香精化妆品就失去了魅力，巧克力就失去了诱惑力，香烟就失去了吸引力。

香精的重要性要求不仅香精的创拟者和制造者需要熟悉香精，香精的使用者也需要了解香精，本书第二版正是基于这一思路修订的。

本书第二版保持了第一版的风格，包括香料、香精制造、香精应用三部分内容。为节约篇幅，第二章采用表格的形式集中、简要介绍各种常用香料的香味特性和应用建议，所涉及的香料有 1600 多种。第五章介绍了 1000 多种香料在软饮料、焙烤食品、口香糖、肉制品、奶制品、糖果、酒类、调味料中的参考用量。在附录一中列出了到 2005 年 GB 2760 已经公布的全部允许和暂时允许使用的食品用香料名单。

本书修订工作由北京工商大学教授孙宝国博士完成。由于本书涉及的香精种类及配方繁多和我们自身专业水平的限制，书中难免出现错误或不妥之处，恳切希望各位读者批评指正。

孙宝国
2005 年 12 月于北京工商大学

目录

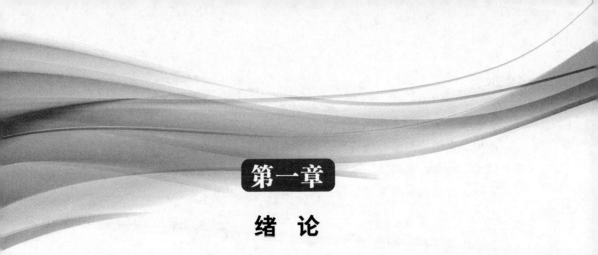

第一章

绪 论

第一节 基本概念和常用术语

一、基本概念

1.香料

亦称香原料，是指具有香气和（或）香味的材料，是调制香精的原料。香料一般为天然香料和合成香料的总称，其中，天然香料也包括天然原料的衍生品如树脂状材料、挥发性产品、提取产品等。此外，香料按用途分为日用和食用两大类。

香料按来源分类如图 1-1 所示。

香料 {
　天然香料：以植物、动物或微生物为原料，经物理方法、
　　　　　　酶法、微生物法或经传统的食品工艺法加工所
　　　　　　得的香料
　合成香料：通过化学合成方式形成的化学结构明确的具有
　　　　　　香气和(或)香味特性的物质

图 1-1　香料按来源分类

2.香精

由香料和（或）香精辅料调配而成的具有特定香气和（或）香味的复杂混合物。香精通常用于加香产品后被消费。香精按用途可分为日用香精、食用香精、烟用香精等；按形态可分为液体香精、固体香精、乳化香精等。香精具有一定香型，例如，玫瑰香精、茉莉香精、薄荷香精、檀香香精、菠萝香精、咖啡香精、牛肉香精等。调合所用各类香料常用质量分数（％）或质量份表示，本书配方除特殊说明，全部以质量份表示。

3.加香产品

添加了香精的产品。如香水、花露水、护肤霜、香波、香皂、牙膏、口香糖、饼干、汽水、火腿肠、冰淇淋等。

香料、香精的来源及与加香产品之间的关系如图1-2所示。

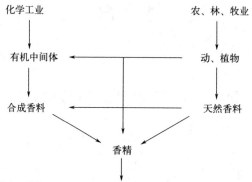

图1-2 香料、香精的来源及与加香产品之间的关系

4.天然香料

以植物、动物或微生物为原料，经物理方法、酶法、微生物法或经传统的食品工艺加工所得的香料。天然香料包括动物性天然香料、植物性天然香料、单离香料以及用生物工程技术制备的香料。

动物性天然香料常用者目前只有麝香、灵猫香、海狸香、龙涎香和麝鼠香五种。

植物性天然香料是以植物的花、叶、枝、皮、根、茎、草、果、籽、树脂等为原料，经水蒸气蒸馏法、压榨法、浸提法或吸收法制取的产品，这些产品在商业上分别称为精油、浸膏、净油、酊剂、香脂、香膏、树脂、油树脂等，其主要生产方法如图1-3所示。

单离香料是用物理或化学方法，从天然香料中分离出来的单体香料化合物。例如，从薄荷油中分离出来的薄荷醇，从山苍子油中分离出来的柠檬醛等。

用生物工程技术制备的香料是指以植物、动物或微生物为原料采用发酵等方法制备的香料。如以玉米粉为主要原料采用发酵方法制备的3-羟基-2-丁酮。

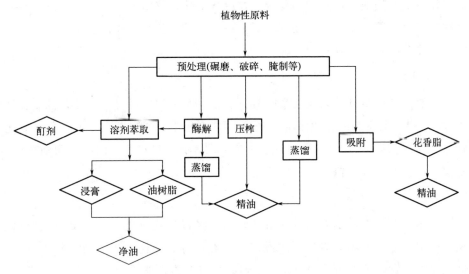

图 1-3　植物性天然香料的主要生产方法

5.合成香料

是采用化学合成方式形成的化学结构明确的具有香气和（或）香味特性的物质。目前世界上合成香料已有 7000 多种，常用的产品有 1000 多种。

天然级香料是用来源于天然动植物的原料合成的，分子中所有碳、氢原子都来源于天然动植物，其不稳定同位素比例与天然动植物相同的单体香料。

6.辛香料

辛香料是指具有芳香和（或）辛辣味的专门作为调味用的香料植物及其香料制品。例如花椒、花椒油、花椒油树脂，胡椒、胡椒油、胡椒油树脂等。

7.精油

亦称香精油、挥发油或芳香油，是植物性天然香料的主要品种。对于多数植物性原料，主要用水蒸气蒸馏法和压榨法制取精油，例如玫瑰油、薄荷油、薰衣草油、鸢尾油、茴香油、冷杉油等均是用水蒸气蒸馏法制取的精油；对于柑橘类原料，则主要用压榨法制取精油，例如红橘油、甜橙油、圆橙油、柠檬油等。

8.浸膏

浸膏是一种含有精油及植物蜡等呈膏状的浓缩的非水溶剂萃取物，是植物性天然香料的主要品种。用一种或多种挥发性溶剂浸提香料植物原料，然后蒸馏回收溶剂,蒸馏残留物即为浸膏。在浸膏中除含有精油外,尚含有相当量的植物蜡、色素等杂质,所以在室温下多数浸膏呈深色膏状或蜡状。例如,茉莉浸膏、桂花浸膏、墨红浸膏、晚香玉浸膏等。

9.油树脂

一般是指用溶剂萃取天然辛香料,然后蒸除溶剂后而得到的具有特征香气或香味的浓缩萃取物。常用的溶剂有丙酮、二氯甲烷、异丙醇、超临界二氧化碳等。油树脂通常为黏稠液体,色泽较深,呈不均匀状态。例如辣椒油树脂、胡椒油树脂、大蒜油树脂等。

10.酊剂

亦称乙醇溶液,是以乙醇为溶剂,在室温或加热条件下,浸提植物原料、天然树脂或动物分泌物得到乙醇浸出液,经冷却、澄清、过滤而得到的产品。例如枣酊、咖啡酊、可可酊、黑香豆酊、香荚兰酊、麝香酊等。

11.净油

用乙醇萃取浸膏、花香脂、香树脂或超临界流体提取物所得到的萃取液,经过冷冻处理,滤去不溶的蜡质等杂质,再经减压蒸馏蒸去乙醇,所得到的流动或半流动的液体通称为净油。净油比较纯净,是调配化妆品香精、香水香精的佳品。

12.花香脂

采用精制的动物脂肪或精制的植物油脂吸收鲜花中的芳香成分,直至饱和,这种被芳香成分所饱和的脂肪或油脂统称为花香脂。花香脂可以直接用于化妆品香精中,也可以经乙醇萃取制取花香脂净油。

13.香膏

香膏是香料植物由于生理或病理的原因,渗出的带有香成分的膏状物。其特征是存在苯甲酸和(或)肉桂酸衍生物。香膏大部分呈半固态或黏稠液状态,不溶于水,几乎全溶于乙醇。例如秘鲁香膏、吐鲁香膏、安息香香膏、苏合香香膏等。

14.树脂

树脂分为天然树脂和经过加工的树脂。天然树脂是指植物渗出植株外的萜类化合物因受空气氧化而形成的固态或半固态物质。如黄连木树脂、苏合香香树脂、枫香树脂等。经过加工的树脂是指将天然树脂中的精油去除后的制品。

15.香树脂

是指用烃类溶剂浸提植物树脂类或香膏类物质而得到的具有特征香气的浓缩萃取物。香树脂一般为黏稠液体、半固体或固体的均质块状物。例如乳香香树脂、安息香香树脂等。

二、调香中的常用术语

1.香型

是用来描述某一种香精或加香制品的整体香气类型或格调的术语，如果香型、玫瑰香型、茉莉香型、木香型、古龙香型、咖啡香型、肉香型等。

2.香韵

是用来描述某一种香料、香精或加香产品中带有某种香气韵调而不是整体香气的特征。例如烧烤牛肉香精中的洋葱香韵，花香型香精中的青香韵等。香韵的区分是一项比较复杂的工作。

3.香势

亦称香气强度，是指香气本身的强弱程度，这种强度可以通过香气的阈值来判断，阈值愈小，则香势愈强。

4.头香

亦称顶香，是指对香料、香精或加香产品嗅辨中，最初片刻时香气的印象，也就是人们首先能嗅感到的香气特征。头香主要是由香气扩散能力较强、沸点低的香料所产生。在香精中起头香作用的香料称为头香剂。

5.体香

亦称中段香韵，是香精的主体香气。体香是在头香之后立即被嗅感到的香气，而且能在相当长的时间内保持稳定或一致。体香是香精最主要的香气特征。在香精中起体香作用的香料称为主香剂。

6.基香

亦称尾香或底香，是香精的头香和体香挥发过后，留下来的最后香气。这种香气一般是由挥发性较差的香料或定香剂所产生。在香精中起基香作用的香料称为定香剂（fixer）。

7.调合

是指将几种香料混合在一起，发出一种协调一致的香气。调合的目的是使香精的香气变得或者优美，或者清新，或者强烈，或者微弱，使香精的主剂更能发挥作用。在香精中起调合作用的香料称为调合剂或协调剂。

8.修饰

是指用某种香料的香气去修饰另一种香料的香气，使之在香精中发生特定效果，从而使香气变得别具风格。在香精中起修饰作用的香料称为修饰剂或变调剂。

9.香基

亦称香精基，是由多种香料调合而成的、具有一定香型的混合物，是香精的主剂。香基一般不在加香产品中直接使用，而是作为香精中的一种原料来使用。

第二节　香气和香韵

一、香的本质

香气和香味都是芳香成分的质与量在空间与时间中的客观存在。香料和香精所含芳香成分的物理和化学性能是物质内容，而香气和香味则是其表现形式。对于香的类型确定，除芳香成分的客观存在外，还有感官判断等主观因素的影响。下面一些因素对于鉴别香气的特性，均有一定的影响。

① 芳香成分的质，如分子结构、物理性质、化学性质等。

② 芳香成分的量，如多少、集中、分散等的影响。例如，吲哚在浓度高时呈粪便臭，而浓度低时呈茉莉香。

③ 自然环境因素，如气温、湿度、风力、风向等的影响。

④ 人的主观因素，如生理情况、心理状态、生活经验等因素的影响。

二、嗅觉生理

人具有五种感官器官：视觉、听觉、触觉、味觉和嗅觉。其中视觉和听觉在医学中都有比较科学的测试方法。虽然目前医学上有多种嗅觉和味觉理论，但都不够成熟，缺少科学的测试方法。许多科学家致力于嗅香机理的研究，其中美国科学家阿克塞尔（Richard Axel）和巴克（Linda B. Buck）是最优秀的，他们因为在气味受体和嗅觉系统组织方式研究中做出的杰出贡献而共同获得 2004 年诺贝尔生理学或医学奖。阿克塞尔和巴克两人在 1991 年共同发表了嗅觉受体基因群的发现，此后两人又各自进行研究，让医界对人体嗅觉系统有更多了解。两人的研究发现由 1000 种不同基因组成的嗅觉受体基因群，这个数量约占人体基因的 3%。这些嗅觉受体基因位于嗅觉受体细胞内，这种细胞聚集在人体上鼻腔的一小块区域，侦测鼻腔吸入的各种不同气味分子。每一个嗅觉受体细胞只有一种嗅觉受体，每一个细胞能辨识的气味相当有限，因此，人体的嗅觉受体细胞是高度分工的运作，辨识嗅觉的信号直接传递给人脑中的嗅觉小球，再经由这里形成各种气味的模式，因此才能让人体闻到某种气味时，能回想起不同时间闻到的相同气味。

三、香气的分类

自古以来，人们就尝试对香气进行分类，但是，香气是不能用尺度测量的，其表现很不明确。由于有香物质的千差万别，加上人们不同年龄、性别、生活环境等的差异，因而分类是非常困难的，至今还没有统一的分类方法。在此仅介绍常见五种分类方法供作参考。

1.里曼尔（Rimmel）分类法

1865 年里曼尔根据各种天然香料的香气特征，将香气类型归纳为 18 种，这种分类方法接近于客观实际，容易被人们所接受，对于天然香料的使用有一定的指导意义。

（1）玫瑰香型：玫瑰、香叶、香茅。

（2）茉莉香型：茉莉、铃兰、依兰依兰。

（3）橙花香型：橙花、金合欢、山梅花。

（4）晚香玉香型：晚香玉、百合、水仙、黄水仙、洋水仙、风信子。

（5）紫罗兰香型：紫罗兰、鸢尾根、木樨草。

（6）树脂膏香型：香兰、香脂类、安息香、苏合香、香豆、洋茉莉。

（7）辛香型：玉桂、桂皮、肉豆蔻、肉豆蔻衣、众香子。

（8）丁香香型：丁香、丁香石竹、康乃馨。

（9）樟脑香型：樟脑、广藿香、迷迭香。

（10）檀香香型：檀香、岩兰草、柏木、雪松木。

（11）柠檬香型：柠檬、香柠檬、白柠檬、甜橙。

（12）薰衣草香型：薰衣草、穗薰衣草、百里香、花薄荷、甘牛至。

（13）薄荷香型：薄荷、绿薄荷、芸香、鸢丹参、鼠尾草。

（14）茴香香型：大茴香、葛缕子、莳萝、胡荽子、小茴香。

（15）杏仁香型：杏仁、月桂树。

（16）麝香香型：麝香、灵猫香。

（17）龙涎香型：龙涎香、橡苔。

（18）果香型：生梨、苹果、菠萝。

2.罗伯特（Robert）分类法

罗伯特也将香气分为18类，在其选择的典型香料中加入了一些合成香料。

（1）醛香香型：$C_6 \sim C_{12}$ 的醛类。

（2）果香香型：桃子、杨梅、香蕉、柑橘、橙、柠檬等。

（3）清凉香型：樟脑、薄荷脑、百里香酚、茴香脑、松节油等。

（4）芳樟醇香型：青柠檬油、薰衣草油、芫荽油等。

（5）橙花香型：晚香玉油、金合欢花油、长寿花油、野豌豆花油、橙花油等。

（6）茉莉花香型：依兰油、金银花油、α-戊基桂醛、吲哚、茉莉油等。

（7）水仙花香型：桂醛、水仙花油、铃兰油、紫丁香油、苏合香油、吐鲁香脂、苯乙醛等。

（8）香调料香型：丁香油、肉豆蔻油、肉桂油、月桂油等。

（9）蜜香香型：苯乙酸及其酯类。

（10）玫瑰香型：香叶油、香叶醇、橙花醇、苯乙醇等。

（11）鸢尾根香型：紫罗兰油、桂花油、含羞草油、甲基紫罗兰酮、鸢尾根油等。

（12）岩兰草香型：白檀油、柏木油、愈创木脂油、茶油、乙酸岩兰草酯等。

（13）胡椒辛香型：胡椒油、广藿香油等。

（14）苔藓烟熏香型：橡苔脂膏、皮革、香旱芹子油酚等。

（15）草香香型：黑香豆、金花菜油、烟草、芹子油、大茴香醛、香豆素等。

（16）香兰素香型：安息香、秘鲁香脂、香兰素等。

（17）龙涎香型：赖百当浸膏、香紫苏油、乳香油、扁柏木油等。

（18）动物性香型：海狸香、灵猫香、麝香、吲哚、β-甲基吲哚等。

3.克拉克（Crockor）分类法

1949 年克拉克和狄龙发表香名录。他们将"香"分为芳香、酸香、焦香、脂香四个基本类型，认为每种香料都具有这四种基本"香"。香气的强度用数字来表示，以 1 为最弱，以 8 为最强。这种分类方法，人们称之为四位号码法。其用法是：

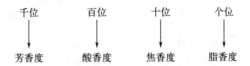

例 1：岩蔷薇为 8 6 7 4。芳香度为 8，因花香最强。酸香度为 6，因具有渗透性的酸味。焦香度为 7，因熏香味很浓。脂香度为 4，因略带动物脂香。结论：具有树脂芳香。

例 2：β-萘乙醚为 6 1 2 3。芳香度为 6，因花香较强。酸香度为 1，无酸香味。焦香度为 2，几乎无焦香。脂香度为 3，略带动物脂香。结论：较强的花香。

例 3：苯甲酸芳樟酯，除稍具有芳香外，几乎无其它香气，故以 3111 表示。

例 4：其它例子。

乙酸苄酯	8445	乙酸对甲酚酯	4376	柠檬醛	6645
苯甲酸甲酯	5636	苯甲酸苯乙酯	5222	二苯醚	6434
檀香醇	5221	苯甲酸异戊酯	5322	苯乙醇	7423
桉叶素	5726	苯丙醇	6322	茴香醚	2377

克拉克共罗列出 350 种天然香料和合成香料的四位号码，其代表号码虽然不能说是绝对的，但尚可作为一个比较系统的分类方法。

4.杰里克（Jellinek）分类法

杰里克 1949 年在他的《现代日用调香术》一书中，根据人们对气息效应的心理反应，将香气归纳为动情性效应的香气、抗动情性效应的香气、麻醉性效应的香气及兴奋性效应的香气四大类。

（1）动情性效应的香气　包括动物香、脂蜡香、汗汁气、酸败气、干酪气、腐烂气、尿样气、粪便气、氨气等。总括起来，可用"碱气"、"呆钝气息"来描述。

（2）抗动情性效应的香气　包括薄荷香、樟脑香、树脂香、青香、清淡气等。总的可用"酸气"、"尖刺气息"来描述。

（3）麻醉性效应的香气　包括玫瑰香、紫罗兰香、紫丁香等各种花香和膏香。总的可用"甜气"、"圆润气息"来描述。

（4）兴奋性效应的香气　包括除了鲜花以外的植物性香料的香气，如辛香、木香、苔香、草香、焦香等。总的可用"苦气"、"坚实气象"来描述。

在上述四类香气之间，存在着下列关系：在酸气与苦气之间主要是新鲜的气息；在苦气与碱气之间主要是提扬性气息；在碱气与甜气之间是闷热性的气息；在甜气与酸气之间主要是镇静性气息。

在杰里克的分类中，不但借用了味觉和触觉来描述，如味觉方面的碱、甜、酸、苦等，触觉方面的呆钝、尖刺、圆润、坚实等，而且划分的四类香气中，有两对对立的香气类别，如酸-碱或尖刺-呆钝，甜-苦或圆润-坚实，这是他的香气分类特点。

5.三角形分类法

三角形分类法如图 1-4 所示。这种分类法的特点如下。

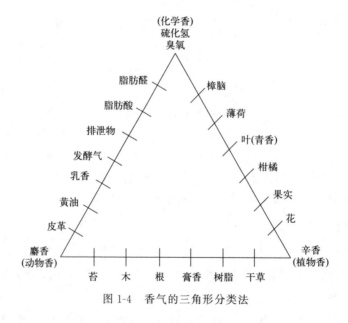

图 1-4　香气的三角形分类法

① 将香气分为动物性香气、植物性香气和化学性香气三大类。每一大类分别位于三角形的三个顶点。

② 在三角形的同一边上的香气性质相似，相邻的香气更具有类似性。例

如：花香与果香具有类似的香气，皮革香与奶香相似，苔藓香与木香相似，等等。

③ 在三角形不同边上的香气性质相反。如皮革香与木香是不相类似的香气，奶香与花香具有相反的香气，等等。

三角形香气分类法，相当于绘画的色彩和音乐的音阶，初学调香者应该掌握，如果不知道这一点，调香将是很困难的。

四、香气的韵调

香气的韵调是人的主观意识对客观香气现象的反应和测度，也就是把香气作为艺术的形象而对之领略和评价。香气的韵调是比较抽象的，有时是难以用语言或文字表达的。为了在调香工作中的方便起见，有人曾尝试把香气归纳为柔、刚、清、浊等四种香韵。任何一种香料或香精的香气，基本上都含有这四种香韵，但每一种香料或香精，由于其所含各香韵的比例不同，因此也就相应地形成淳、润、鲜、清、凉、幽、辛、干、宿、腻、温、圆等十二种香调。

（一）四种主要香韵

1.柔韵

柔韵所代表的主要是鲜花、鲜果等的柔和、甜美的香气。一般是由高度饱和化合物、直链结构的脂肪族化合物、醇官能团等组合而表现的香气。

2.刚韵

刚韵所代表的主要是天然香辛料和某些合成香料刚烈、粗糙的香气。一般是由高度不饱和化合物、芳香族化合物、醛和酚官能团等组合而表现的香气。

3.清韵

清韵所代表的主要是未成熟植物、柑橘类果皮等的青香、新鲜的香气。一般是由低碳原子化合物、低级脂肪醇与低级脂肪酸、酯类、单萜类、酮和醚官能团等组合而表现的香气。

4.浊韵

浊韵所代表的主要是过熟及腐败植物、动物分泌物等浑浊的香气。一般是由高级脂肪醇与高级脂肪酸、酯类、多萜类、曳馥基、大环类、含氮化合物等组合而表现的香气。

（二）十二种香调

1.淳香调

淳是以柔韵为主，微含清、浊、刚等韵的，甜美的，使人愉快的香气。例如玫瑰、百合、紫罗兰等鲜花，以及玫瑰醇、橙花醇、芳樟醇等的香气。

2.润香调

润是以柔韵为主，以清润为辅，微含浊、刚等韵的，和顺的，使人舒适的香气，也就是以鲜花香气为主，以鲜果香气为辅的香气。例如栀子花（含椰子香气）、银桂花（含桃子香气）等。

3.鲜香调

鲜是以清韵为主，柔韵为辅，微含刚、浊等韵的，新鲜的，使人动情兴奋的香气。例如苹果、香蕉等鲜果的香气，戊酸戊酯、戊酸乙酯、乙酸乙酯等酯类香气。

4.清香调

清是以清韵为主，微含柔、刚、浊等韵的，酸青的，使人清醒的香气。例如柑橘类果皮、乙酸、单萜类等的香气。

5.凉香调

凉是以清韵为主，以刚韵为辅，微含柔、浊等韵的，清凉的，使人畅爽的香气。例如薄荷、龙脑、樟脑、桉叶、松针等的香气。

6.幽香调

幽是以刚韵为主，以清韵为辅，微含浊、柔等韵的，青滋的，使人安宁的香气。例如薰衣草、橡苔、蕨类等的香气。

7.辛香调

辛是以刚韵为主，微含清、浊、柔等韵的，辛辣的，使人振奋的香气。例如丁香、桂皮、胡椒、生姜、茴香、豆蔻等的香气。

8.干香调

干是以刚韵为主，以浊韵为辅，微含清、柔等韵的，坚糙的，使人扰动的香气。例如干果、坚果、柏木、檀香、香豆素、香兰素等的香气。

9.宿香调

宿是以浊韵为主，刚韵为辅，微含柔、清等韵的，霉朽的，使人烦闷的香气。例如皮革、肥皂、橡皮、泥浆等的香气。

10.腻香调

腻是以浊韵为主，微含柔、刚、清等韵的，荤的，使人疲倦的香气。例如丁酸、戊酸、鱼腥、羊膻、吲哚等的香气。

11.温香调

温是以浊韵为主，以柔韵为辅，微含刚、清等韵的，浑厚的，使人温暖的香气。例如乳酪、脂肪、蜂蜜、苯乙酸、赖百当等的香气。

12.圆香调

圆是以柔韵为主，以浊韵为辅，微含清、刚等韵的，圆熟的，使人惬意的香气。例如含吲哚的茉莉花、含对甲苯酚酯的水仙花、含苯乙酸的风信子等鲜花的香气。

在图 1-5 中列出了四种主香韵之间的循环关系，从调香的观点来看，位于四个角的柔与刚、清与浊是对立的，它们之间是难以调合的。位于相邻的柔、清、刚、浊之间，是可以调合的，从而形成柔清、清柔、清刚、刚清、刚浊、浊刚、浊柔、柔浊等八个混合香韵。

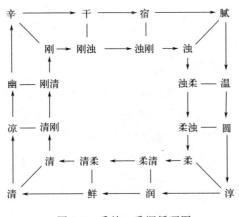

图 1-5 香韵、香调循环图

与四种主香韵和八个混合香韵相对应的有十二种香调，它们之间也是循环的。从调香的观点来看，相邻的香调之间是可以调合的，但它们也有与其相对立的香调，这些对立的香调之间是难以调合的。

以上关于香韵、香调科学解释尚有待于进一步验证、补充和完善。

五、香气的强度

各种香料和香精的香气，在强弱程度上区别是很大的。香气强度不仅与气相中有香物质的蒸气压有关，而且与其分子固有的性质，即分子在嗅觉上皮组织的刺激能力相关联。香气的强度可以从定性和定量两个方面进行描述。

1.香气强度的定性分类

为了便于调香、闻香、评香上的比较，可以把香气的强度分为 5 个级别。

① 特强：在稀释至万分之一时，能相当嗅辨者。

② 强：在稀释至千分之一时，能相当嗅辨者。

③ 平：在稀释至百分之一时，能相当嗅辨者。

④ 弱：在稀释至十分之一时，能相当嗅辨者。

⑤ 微：在不稀释时，能相当嗅辨者。

由于香气是香料成分在物理、化学上的质与量在空间和时间上的表现，所以在某一固定的质与量、某一固定的空间或时间所观察到的香气现象，并不是真正的香气全貌。有些香料在浓缩时香气并不强，但冲淡后香气变强，使人易于低估它们的强度；有些香料在浓缩时香气似乎极强，但冲淡后香气显著变弱，使人易于高估它们的强度。如果没有丰富的经验，在香气强度定性的判定上，往往容易形成错觉。

2.香气强度的定量表示

香气强度常用阈值、槛限值或最少可嗅值表示。通过嗅觉能感觉到的有香物质的界限浓度，称为有香物质的嗅阈值。能辨别出其香的种类的界限浓度称为阈值。阈值不仅与有香物质的浓度有关，而且与该物质在嗅觉上的刺激能力和嗅觉的灵敏度有关。阈值虽然可以用一个数值表示，但由于嗅辨者的主观因素的影响，也很难达到非常客观的定量表示。对于同一个香料，有时会出现两个或更多的阈值。

阈值的测定，可以采用空气稀释法，阈值的单位用空气中含有香物质的浓度（g/m^3 或 mol/m^3）表示。

阈值也可以采取水稀释法测定。单位采用百万分之几（mg/kg）、十亿分之几（$\mu g/kg$）等浓度单位表示。

阈值愈小，表示香气愈强；阈值愈大，表示香气强度愈弱。例如 3-甲基-2-甲氧基吡嗪在水中阈值为 $3\mu g/kg$，3-甲基-6-甲氧基吡嗪为 $15\mu g/kg$，2,3-二

甲基吡嗪为 $400\mu g/kg$，它们香气强度顺序为 3-甲基-2-甲氧基吡嗪＞3-甲基-6-甲氧基吡嗪＞2,3-二甲基吡嗪。

第三节　香精配方的组成

由于一种香料很难满足人们对加香产品香气或香味的需要，所以调香师往往根据加香产品的性质和用途，将数种乃至数十种香料调配成香精以后加入各种加香产品中去。一个比较完整的香精配方，应由哪些香料组成？对此主要有两种观点：国内主要为四种成分组成法，即将香料分为主香剂、辅助剂、头香剂和定香剂；国外多为三种成分组成法，即分别为头香、体香和基香。

一、香精的四种成分组成法

（一）主香剂

主香剂亦称为香精主剂或打底原料。主香剂是形成香精主体香韵的基础，是构成香精香型的基本原料。

调香师要调配某种香精，首先要确定其香型，然后找出能体现该香型的主香剂。在香精中有的只用一种香料做主香剂，如调合橙花香精往往只用橙叶油做主香剂；但多数情况下，都是用多种香料做主香剂，如调合玫瑰香精，常用苯乙醇、香茅醇、香叶醇、玫瑰醇、玫瑰醚、甲酸香叶酯、玫瑰油、香叶油等做主香剂。

（二）辅助剂

辅助剂亦称配香原料或辅助原料，主要作用是弥补主香剂的不足。添加辅助剂后，可使香精香气更趋完美，以满足不同类型的消费者对香精香气的需求。辅助剂可以分为协调剂和变调剂两种。

1.协调剂

亦称和合剂或调合剂。协调剂的香气与主香剂属于同一类型，其作用是协调各种成分的香气，使主香剂香气更加明显突出。例如，在调配玫瑰香精时，常用芳樟醇、羟基香茅醛、柠檬醛、丁香酚和玫瑰木油等做协调剂。

2.变调剂

亦称矫香剂或修饰剂。用作变调剂香料的香型与主香剂不属于同一类型，是一种使用少量即可奏效的暗香成分，其作用是使香精变化格调，别具风格。例如，在调配玫瑰香精时，常用叶醇、苯乙醛、苯乙醛二甲缩醛、乙酸苄酯、丙酸苯乙酯、檀香油、柠檬油等做变调剂。

（三）头香剂

头香剂亦称顶香剂。用作头香剂的香料挥发度高，香气扩散力强。其作用是使香精的香气更加明快、透发，增加人们的最初喜爱感。例如，在调配玫瑰香精时，常用壬醛、癸醛等高级脂肪醛做头香剂。

（四）定香剂

定香剂亦称保香剂。它的作用是使香精中各种香料成分挥发均匀，防止快速蒸发，使香精香气更加持久。适于做定香剂的香料非常多，大体上可以分类如下。

1.动物性天然香料定香剂

麝香、灵猫香、海狸香、龙涎香、麝鼠香等动物性天然香料，都是最好的定香剂。它们不但能使香精香气留香持久，还能使香精的香气变得更加柔和圆熟，特别是将它们用于高级香水中，可使香水香气具有某种"生气"，更加温暖而富有情感，深受人们的喜爱。

2.植物性天然香料定香剂

凡是沸点比较高、挥发度较低的天然香料都可以做定香剂。常用的精油、浸膏类定香剂有岩兰草油、广藿香油、檀香油、鸢尾油、岩蔷薇浸膏、橡苔浸膏。常用的树脂、天然香膏类定香剂有安息香香树脂、乳香香树脂、格蓬香树脂、苏合香膏、吐鲁香膏、秘鲁香膏等。

3.合成香料定香剂

此类定香剂品种很多，包括合成麝香、某些结晶、高沸点香料化合物和多元酸酯类等。

（1）合成麝香类定香剂　酮麝香、环十五酮、十五内酯、11-氧杂十六内酯、十三烷二羧酸亚乙基内酯、佳乐麝香、吐纳麝香、粉檀麝香、萨利麝香等合成麝香，均是优良的定香剂，它们不但能使香精香气留香持久，而且使化妆品、香水等加香产品香气更加圆熟生动。

（2）晶体类合成香料定香剂 香豆素、香兰素、乙基香兰素、二苯甲酮、乙酰基丁香酚、吲哚、3-甲基吲哚等，它们除起定香剂作用外，尚可起主香剂或辅助剂的作用。

（3）高沸点液体合成香料定香剂 乙酸玫瑰酯、乙酸岩兰草酯、苯甲酸桂酯、苯甲酸苯乙酯、苯乙酸苯乙酯、苯乙酸檀香酯、苯乙酸玫瑰酯、水杨酸芳樟酯、桃醛、椰子醛、羟基香茅醛、兔耳草醛、戊基桂醛、甲基萘基甲酮、苯乙酸、异丁香酚等，它们除作为定香剂，在香气上也有所贡献。

（4）某些多元酸酯类定香剂 邻苯二甲酸二甲酯、邻苯二甲酸二乙酯、邻苯二甲酸二丁酯、丙二酸二乙酯、丁二酸二乙酯、癸二酸二乙酯，它们香势很弱，对香精香气几乎没有贡献，但可以起定香剂、香精溶剂或稀释剂的作用。

二、香精的三种成分组成法

1954 年，英国著名调香师扑却（Poucher）按照香料香气挥发度，在辨香纸上挥发留香时间的长短，将 300 多种天然香料和合成香料，分为头香、体香、基香。他认为香精应由头香香料、体香香料和基香香料三部分组成。在此以扑却的分类为主，同时吸收了一些其它资料，将头香、体香、基香香料分类归纳如下。但是应当说明的是，在用嗅觉去判定一个香料相对挥发度时会因人而异，调香师如何说明一个香料属于头香、体香或基香，也会因人而异。

（一）头香香料

头香亦称顶香。属于挥发度高、扩散力强的香料。在评香纸上的留香时间在 2 小时以下。由于留香时间短，挥发以后香气不再残留，头香能赋予人们最初的优美感，使香精香气富有感染力，作为香精的第一印象是很必要的。可作为头香的香料大部分香气是令人愉快的，因此，在创造头香时可以有更多的选择，可以充分体现调香师的创造精神。

1.常用的头香天然香料

苦杏仁油、白千层油、柠檬油、香柠檬油、甜橙油、苦橙油、橘子油、薄荷油、胡薄荷油、香柠檬薄荷油、留兰香油、莳萝油、芫荽油、小茴香油、薰衣草油、杂薰衣草油、橙叶油、月桂叶油、桉叶油、黄樟油、香茅油、芸香油、百里香油、葛缕子油、樟脑白油、玫瑰油、玫瑰木油、卡南加油、紫罗兰净油、风信子净油、水仙净油、肉豆蔻油、姜油、麝香酊（3%）等。

2.常用的头香合成香料

苯乙酮、对甲基苯乙酮、二甲基苯乙酮、苯甲醛、对甲基苯甲醛、枯茗醛、辛醛、壬醛、芳樟醇、松油醇、香茅醇、香叶醇、橙花醇、玫瑰醇、苯乙醇、苯丙醇、辛醇、壬醇、癸醇、二苯甲烷、二苯醚、对甲酚甲醚、樟脑、莳烯、甲酸苄酯、甲酸苯乙酯、甲酸芳樟酯、甲酸香茅酯、甲酸癸酯、乙酸乙酯、乙酸辛酯、乙酸异戊酯、乙酸壬酯、乙酸癸酯、乙酸苄酯、乙酸苯乙酯、乙酸松油酯、乙酸香茅酯、乙酸橙花酯、乙酸芳樟酯、丙酸苯乙酯、丙酸异戊酯、丙酸苄酯、丙酸芳樟酯、丙酸松油酯、丁酸甲酯、丁酸异戊酯、丁酸环己酯、丁酸香叶酯、异戊酸苯乙酯、庚酸乙酯、乙酸对甲酚酯、异丁酸对甲酚酯、异丁酸辛酯、异丁酸苄酯、庚炔羧酸甲酯、辛炔羧酸甲酯、癸炔羧酸甲酯、苯甲酸甲酯、苯甲酸乙酯、苯甲酸香叶酯、苯甲酸芳樟酯、苯乙酸乙酯、苯乙酸异丁酯、桂酸甲酯、桂酸苄酯、桂酸苯乙酯、水杨酸甲酯、水杨酸乙酯、水杨酸异丁酯、水杨酸异戊酯、水杨酸苄酯、水杨酸苯乙酯、对甲基水杨酸甲酯、邻氨基苯甲酸甲酯等。

（二）体香香料

体香香料具有中等挥发程度，在评香纸上留香时间为2～6小时。体香香料构成香精香气特征，是香精香气最重要的组成部分。

1.常用的体香天然香料

罗勒油、丁香油、菖蒲油、橙花油、酒花油、香叶油、甘牛至油、冷杉油、桂叶油、桂皮油、月桂油、白柠檬油、柠檬桉油、香紫苏油、麝葵子油、小豆蔻油、鸢尾净油、紫罗兰叶净油、晚香玉净油、金雀花净油、玫瑰净油、大花茉莉净油、橙花净油、黄水仙油、迷迭香油。

2.常用的体香合成香料

紫罗兰酮、对甲氧基苯乙酮、茴香醛、苯丙醛、柠檬醛、月桂醛、月桂醇、茴香醇、橙花叔醇、四氢香叶醇、丁香酚、乙酰基异丁香酚、异丁香酚甲醚、异丁香酚苄醚、吲哚、甲基吲哚、甲酸桂酯、甲酸香叶酯、甲酸玫瑰酯、甲酸丁香酚酯、乙酸桂酯、乙酸茴香酯、乙酸香叶酯、乙酸柏木酯、乙酸龙脑酯、丙酸桂酯、丙酸玫瑰酯、丁酸桂酯、异丁酸苯乙酯、苯甲酸异戊酯、苯甲酸香茅酯、苯乙酸甲酯、苯乙酸戊酯、苯乙酸苄酯、苯乙酸苯乙酯、桂酸乙酯、桂酸戊酯、桂酸异丁酯、茴香酸异戊酯、邻氨基苯甲酸甲酯、邻氨基苯甲酸芳樟酯、N-甲基邻氨基苯甲酸甲酯等。

（三）基香香料

基香亦称尾香。基香香料挥发度低，富有保留性。在评香纸上残留的香气在 6 小时以上，如麝香香气可以残留一个月以上。基香香料不但可以使香精香气持久，同时也是构成香精香气特征的一部分。

1.常用的基香天然香料

香脂檀油、印度檀香油、当归根油、扁柏油、广木香油、广藿香油、山菊花油、众香子油、岩兰草油、大花茉莉油、胡椒油、金合欢油、岩蔷薇浸膏、黑香豆浸膏、香荚兰浸膏、橡苔浸膏、秘鲁浸膏、吐鲁香膏、乳香香树脂、安息香香树脂、苏合香香树脂、格蓬树脂、防风根树脂、灵猫香膏、海狸香净油、龙涎香酊（3%）。

2.常用的基香合成香料

甲基萘甲酮、二苯甲酮、癸醛、十一醛、甲基壬基乙醛、α-戊基桂醛、兔耳草醛、羟基香茅醛、苯乙醛二甲缩醛、桂醇、苯乙酸、乙酰基丁香酚、异丁香酚、香豆素、香兰素、乙基香兰素、梅杨醛、椰子醛、桃醛、各种合成麝香、乙酸玫瑰酯、苯乙酸异戊酯、苯乙酸苯乙酯、苯乙酸芳樟酯、苯乙酸玫瑰酯、苯乙酸檀香酯、苯乙酸异丁香酚酯、水杨酸芳樟酯、结晶玫瑰等。

在调香工作中，根据香精的用途，要适当调整头香、体香、基香香料的百分比。例如，要配制一种香水香精，如果头香占50%、体香占30%、基香占20%则不合理。因为头香与基香相比，基香的百分比太小了，这种香水将缺乏持久性。一般来讲，头香占30%左右、体香占40%左右、基香占30%左右比较合适。总之，头香、体香和基香要注意合理的平衡，各类香料百分比的选择，应使各类原料的香气前后相呼应，在香精的整个挥发过程中，各层次的香气能循序挥发，前后具有连续性，使它的典型香韵不前后脱节，达到香气完美、协调、持久、透发的效果。

第四节　香精的分类

香精的分类方法很多，出发点不同，可以有不同的分类方法。大体上可以分类如下。

一、根据香精的用途分类

香精按用途主要分为食用香精、日用香精、烟用香精等，具体分类方法如图 1-6 所示。其中，日用香精和食用香精是最主要的两大应用领域，将在后续的章节中详细介绍。

二、根据香精的香型分类

因应用领域不同，日用香精与食用香精按照香型的分类方式也不尽相同。

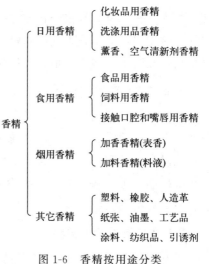

图 1-6　香精按用途分类

（一）日用香精

日用香精按香型一般分为花香型香精和非花香型香精两类。

1.花香型香精

这类香精多是模仿天然花香调合而成的。例如玫瑰、茉莉、金银花、山梅花、晚香玉、紫罗兰、铃兰、玉兰、丁香、水仙、葵花、橙花、栀子、风信子、金合欢、薰衣草、郁金香等香精。花香型香精一般用于化妆品，以及香皂、香波等日用产品中。

2.非花香型香精

这类香精有的是模仿实物调配，例如檀香、木香、蜜香、粉香、麝香、皮革香等；有的则根据幻想而调配，这类香精往往有一个美妙抒情的称号，例如力士、古龙、微风、素心兰、黑水仙、吉卜赛少女、圣诞节之夜等。幻想型香精大多用于香水、化妆品等高档产品中。

（二）食用香精

食用香精按香型分类一般与一种食品或天然存在的可食性生物的香型相联系，如水果、牛奶、酒、烟草、蘑菇、肉、玫瑰、洋葱、甘蓝、番茄等香型。有一种食品，就有对应的一种香型。食用香精按香型分类可以细化到每一种食品。

例如，水果香型香精可以分为苹果、葡萄、梨、樱桃、草莓、橘子、香蕉、柠檬、甜瓜等很多香型。其中苹果香精又可以分为香蕉苹果、国光苹果、富士苹果等香型。其中香蕉苹果香精还可以分为红香蕉苹果、黄香蕉苹果、青香蕉苹果等香型。

再如肉香型可分为猪肉、牛肉、鸡肉、羊肉、海鲜等香型。其中牛肉分为清炖牛肉、烤牛肉、酱牛肉等香型。

三、根据香精的形态分类

按照香精形态的不同，可将其分为液体香精、固体香精、乳化香精等，具体分类方式如图 1-7 所示。

1.液体香精

（1）水溶性香精　水溶性香精所用的天然香料和合成香料必须能溶于醇类溶剂中。常用的溶剂为乙醇或乙醇水溶液。有时在水溶性香精中也用少量丙醇、丙二醇、丙三醇代替部分乙醇做溶剂。水溶性香精广泛用于果汁、汽水、果冻、果子露、冰淇淋、烟草和酒类中，在香水、花露水、化妆水等化妆品中也不可缺少。

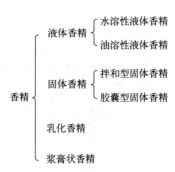

图 1-7　香精按形态分类

（2）油溶性香精　油溶性香精是由所选用的天然香料和合成香料溶解在油性溶剂中配制而成的。油性溶剂分两类：一类是天然油脂，常用的有花生油、菜籽油、芝麻油、橄榄油和茶油等；另一类是有机溶剂，常用有苯甲醇、甘油三乙酸酯等。也有的油溶性香精不外加油性溶剂，由香料本身的互溶性配制而成。以植物油为溶剂配制的油溶性香精主要用于食品工业中。在糕点、糖果、巧克力等制造过程中，由于要加热处理，需将香料溶在油性溶剂中使用。以有机溶剂或香料之间互溶而配制成的油溶性香精，一般用在膏霜、唇膏、发脂、发油等化妆品中。

2.固体香精

以固体（含粉末）形态出现的各类香精。其中，拌和型固体香精是指香气和（或）香味成分与固体（含粉末）载体拌和在一起的香精，胶囊型固体香精是香气和（或）香味成分以芯材的形式被包裹于固体壁材之内的颗粒型香精。胶囊化技术现已广泛用于医药、化学、化妆品、食品和印刷行业。在食品行业中，已有各种活性物质的胶囊化产品，如脂肪和油脂、芳香化合物、油性树脂、维生素、矿物质、色素和酶等。胶囊化技术可使食品的香味在贮藏期间得到保持，也可以防止其香味受到食品其他成分不良相互作用的影响，以及减少风味与风味的相互作用等。

3.乳化香精

以乳浊液形态出现的各类香精。在乳化香精中，除含少量的香料、表面活性剂和稳定剂外，其主要组分是蒸馏水，通过乳化可以抑制香料挥发，大量用水可以降低成本，因此乳化香精的应用发展较快。乳化香精中常用起乳化作用的表面活性剂有单硬脂酸甘油酯、大豆磷脂、山梨糖醇酐脂肪酸酯、聚氧乙烯木糖醇酐硬脂酸酯等。果胶、明胶、阿拉伯胶、琼脂、淀粉、海藻酸钠、酪朊酸钠、羧甲基纤维素钠等在乳化香精中则可以起乳化稳定剂和增稠剂的作用。从应用上来看，乳化香精主要用于果汁、奶糖、巧克力、糕点、冰淇淋、雪糕、奶制品等食品中，在发乳、发膏、粉蜜等化妆品中也经常使用。

第五节　香精的生产

香料工业是由合成香料生产、天然香料生产和香精生产三部分组成的。2020 年，中国香料香精工业总产量 53.5 万吨，产值 408 亿元，在国民经济中占有重要地位。

香精与人们的生活水平息息相关，其重要性体现在它是社会物质文化生活富裕的标志，伴随着社会富裕程度的不断提高，对香精的需求量也不断增加，对香精质量的要求也日益提高。现代文明人高质量的生活离不开香精，没有香精，化妆品就失去了魅力，巧克力就失去了吸引力，香水就失去了魔力。香精是各种加香产品活的灵魂，"生活中不能没有香精，就像不能没有太阳"。

香精的生产有调香、发酵、酶解、热反应等方法。调香法是传统的方法，也是至今应用最多的一种方法，是香精生产的基础，其它方法往往也要与调香相配合才能使生产的香精更完美。

调香是指调配香精配方的技术与艺术，亦可称为调香技艺或调香术。

众所周知，单一的香料除极个别者外，绝大多数都不能直接用于加香产品中，而是将几种甚至几十种香料，通过一定的调配技艺配制成人们所喜爱的各种香精，然后才能加入各类加香产品中。

香精的香气或香味，是各种加香产品魅力的重要表现。使人们在使用加香产品时，在嗅感和味感上感到满意，是调香工作者的目标。调香工作是运用天然香料和合成香料，结合艺术的感受，创造出符合社会需要的艺术作品，以满足人们在香味方面对美的需要和追求。为达到上述目的，调香师要经过拟方→调配→修饰→加香等多次反复实践，才能确定配方。同样的香料，不同的调香师所调配出来的香精品质可能有很大不同。灵敏的嗅觉、丰富的经验、高超的艺术修养是调香师所不可缺少的条件。为了调配出人们所喜爱的香精，调香师应在辨香、仿香和创香方面加强锻炼。

对于调香的初学者来说，首先要学习和掌握下面的基本知识。

① 掌握各种香料的物理性质、化学性质、毒性管理要求和市场供应情况，使所调配出来的香精安全、适用、价廉。

② 应不断地训练嗅觉，提高辨香能力，能够辨别出各种香料的香气特征，评定其品质等级。

③ 要运用辨香的知识，掌握各种香型配方格局，提高仿香能力，能够采用多种原料，按照适当比例，模仿天然或加香产品的香气，进行香精的模仿配制。

④ 在具有一定辨香和仿香能力的基础上不断提高文化艺术修养，在实践中丰富想象能力，设计出新颖的幻想型香精，使人们的生活更加丰富多彩。

调合香精的生产程序分为两步。第一步是香精配方的拟定，第二步是根据配方生产质量合格的香精产品。

一、香精配方的拟定

香精配方的拟定，大体上可以分为以下几个步骤。

① 首先要明确所配制香精的香型、香韵、用途和档次。例如要配制一种茉莉香精，根据我们已经掌握的知识，茉莉香应属于鲜韵。能体现茉莉鲜韵的邻氨基苯甲酸甲酯、水杨酸苄酯、乙酸苄酯、乙酸芳樟酯、乙酸对甲酚酯、茉莉酮、吲哚等在茉莉香精配方中是不可缺少的。如果要配制的是高档次茉莉香水香精，香气纯正的茉莉油、橙花油、依兰油等天然香料用量应多一些，定香剂则应选择高品位的天然麝香、天然灵猫香、大环类合成麝香。如果要配置低档次的皂用茉莉香精，高档的天然香料可以不用或少用，乙酸苄酯、乙酸芳樟酯、芳樟酯等合成香料可以多用，在碱性介质中容易变色的吲哚、邻氨基酯类应该少用，定香剂应采用价格低廉的硝基麝香等。

② 香型、香韵、用途和档次确定以后，开始考虑香精的组成，也就是说，要考虑选择哪些香料可以作此种香精的主香剂、协调剂、变调剂和定香剂。为了初学调香工作者的需要，在本书第二章中列出了一些日用香精常用的主香剂、协调剂、变调剂、定香剂。

③ 当主香剂、协调剂、变调剂、定香剂可能使用的香料大致确定以后，按照香料挥发程度，根据扑却分类法，将可能应用的香料按头香（顶香）、体香（主香）和基香（尾香）进行排列。一般来说头香香料占 20%～30%，体香占 35%～45%，基香占 25%～35%。在用量上要使香精的头香突出、体香统一、留香持久，做到三个阶段的衔接与协调。

④ 做好上述三项准备以后，在正式调香之前，要提出香精配方的初步方案。香精初步方案的确定，可能有三种情况。对初学调香的人员，主要依靠国内外已经公开发表的成方，进行复制或修改，提出新的香精调配方案。对于已有一定经验的调香师，可用嗅觉辨别已有香精样品或鲜花等实物，确定其香气特征和香韵，定格局，定配比，提出模仿型香精调配方案。对于经验丰富的调香师，根据应用厂家的要求，就可以提出人们喜爱的幻想型香精调配方案。

⑤ 香精的初步方案拟定以后，便可以正式调配。调香通常是从主香（体香）部分开始，体香基本符合要求以后，逐步加入容易透发的头香香料、使香气浓郁的协调香料、使香气更加优美的修饰香料和使香气持久的定香香料。应当特别指出的是，调香者在加料时，并不是按照香精初步方案的数量一次就全部加足。对于数量较多而香气较弱的香料，可以分数次加料。对于数量较少而香气较强的香料，则必须一点一滴地加料。把每一次所加香料的品种、数量及每一次加料后的香气嗅辨效果，都详细地记录下来。经过多次加料，嗅辨、修

改以后，配制出数种小样（10 克）进行评估，经过闻香评估后认可的小样，在生产之前放大配成香精大样（500 克左右），大样在加香产品中做应用实验考察通过以后，香精的配方拟定才算完成。

综上所述，香精调配主要步骤可以图解如图 1-8 所示。

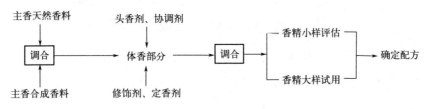

图 1-8　香精调配主要步骤

二、香精的生产工艺、设备和检验

（一）香精的生产工艺

1.不加溶剂的液体香精生产工艺

如图 1-9 所示。

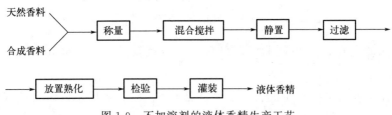

图 1-9　不加溶剂的液体香精生产工艺

熟化是香料制造工艺中应该注意的重要环节之一。目前采取的最普遍的方法是把制得的调合香料在罐中放置一定时间令其自然熟化，使调合香料的香气变得和谐、圆润、柔和。熟化是一个复杂的化学过程，目前还不能用科学理论完全解释。

2.水溶性和油溶性香精生产工艺

如图 1-10 所示。

水溶性香精溶剂常用 40%～60% 的乙醇水溶液，一般占香精总量的 80%～90%。亦可用丙二醇、甘油等替代部分乙醇。

油溶性香精溶剂最常用的是精制的天然油脂，一般占香精总量的 80% 左

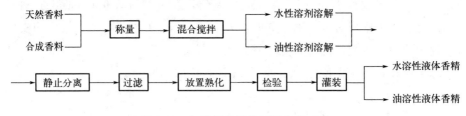

图 1-10　加溶剂的液体香精生产工艺

右。亦可用丙二醇、苯甲醇、甘油三乙酸酯等替代天然油脂。

3.乳化香精生产工艺

如图 1-11 所示。

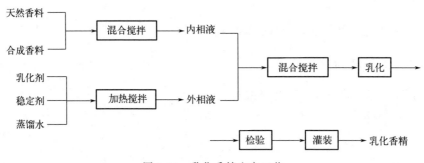

图 1-11　乳化香精生产工艺

常用的乳化剂有单硬脂酸甘油酯、大豆磷脂、二乙酰蔗糖六一丁酸酯（SAIB）等。

常用的稳定剂有阿拉伯胶、果胶、明胶、淀粉、羧甲基纤维素钠（CMC-Na）等。

胶体粒度：分散粒子的最佳粒度直径一般为 $1\sim2\mu m$。

4.粉末香精生产工艺

（1）粉碎混合法　如果所用的香料均为固体时，采用粉碎混合法是制造粉末香精最简便的方法。以粉末香草香精为例，其配方和生产工艺如图 1-12 所示。

（2）熔融体粉碎法　把蔗糖、山梨醇等糖质原料熬成糖浆，把香精混入后冷却，待凝固成硬糖后，再粉碎成粉末香精。如图 1-13 所示。由于在加工过程中需加热，香料易挥发和变质，吸湿性也较强，应用上受到限制。

（3）载体吸收法　粉末香精也可用载体吸收法来制备。如图 1-14 所示。

图 1-12 粉末香精粉碎混合法生产工艺

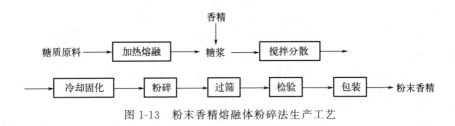

图 1-13 粉末香精熔融体粉碎法生产工艺

根据用途不同常用变性淀粉、精制碳酸镁粉末、碳酸氢钙粉末等做载体。

图 1-14 粉末香精载体吸收法生产工艺

（4）微粒型快速干燥法 在糊精、糖类的溶液或其它乳化液中，加入液体香精，经搅拌充分分散后，用薄膜干燥机快速减压干燥法或喷雾干燥法，可制成粉末香精。这类粉末香精广泛用于冰淇淋、果冻、口香糖、方便面汤料、鸡精等加香产品中。

（5）微胶囊型喷雾干燥法 使香精包裹在微型胶囊内形成粉末状香精。由于具有香料成分稳定性好、香气持续释放时间长、储运使用方便等优点，在方便面汤料、鸡精、粉末饮料、混合糕点、果冻等食品中以及在加香纺织品、工艺品、医药和塑胶工业中已广泛应用。

能够形成胶囊皮膜的材料称为赋形剂。可做赋形剂的主要有明胶、阿拉伯胶、变性淀粉等天然高分子物质和聚乙烯醇等合成高分子物质。微胶囊粉末香精工业化生产最常用的是喷雾干燥法。

以甜橙微胶囊粉末香精制备为例，其配方和生产工艺如图 1-15 所示。

（二）香精生产设备

在香精生产中常用的主要设备如下。

图 1-15　微胶囊粉末香精生产工艺

（1）原料、溶剂和成品贮罐　材质一般采用不锈钢、搪瓷衬里碳钢或玻璃容器。容量为 20～2000kg。立式、卧式均可。

（2）香精调合器　材质一般采用不锈钢，带有电动搅拌器，蒸汽或电加热，容量 200～2000kg。

（3）过滤器　直径 100～200mm 的砂芯过滤器；直径 100～200mm 的微孔滤膜过滤器；过滤量 100～1000kg/h，工作压力 0.3～0.6MPa，不锈钢板框过滤器。

（4）乳化香精生产设备　胶体磨、均质器、球磨机、砂磨机、高压均质泵、高剪切混合乳化器等。材质均为不锈钢。

（5）粉末香精生产设备　研磨机、混合机、不锈钢网筛、薄膜蒸发干燥器、喷雾干燥器。材质均为不锈钢。

（三）香精的检验

由于香精是含有多种香成分的混合物，同一种香型的香精，如草莓香精，可以有成百上千种不同的配方，不同配方的香精其香气、香味特性的差别是客观存在的，不可能有统一的配方标准和统一的香气、香味特性标准。迄今为止，香精的行业标准在香气、香味特性方面都是以各生产厂商封存的标样为依据。各生产厂商在拟定企业标准时除了应符合行业标准外，还应遵守以下原则。

① 调配香精时所使用的香料，必须符合安全、质量标准。配制食品、烟用香精所用的香料，必须在国家已经公布的允许使用或暂时允许使用香料范围内选择。对于个别的香料，虽然国内尚未公布允许使用，但有两个或两个以上国家权威机构允许使用的香料，可以暂时使用。

② 香精质量检验由生产厂家检验部门进行检验，生产厂应保证出厂产品都符合质量标准要求。每批出厂产品都应附有质量合格证书，内容包括：生产厂名、产品名称、商标、生产日期、批号、净重和标准编号。

③ 香精质量检验标准及检验方法必须依据相关的国家标准或行业标准。与香精有关的标准包括中华人民共和国国家标准（GB）、中华人民共和国轻工业行业标准（QB）、中华人民共和国烟草行业标准（YC）等，如 GB/T 22731《日用香精》、GB 30616《食品用香精》等。

第二章

日用香精

日用香料香精是化妆品及个人护理用品等加香产品中的常用原料。日用香料是指在日用香精中任何能发挥其气味或掩盖恶臭作用的香气物质的基本材料。日用香精是指由日用香料和香精辅料按照一定配方调制而成的混合物。可见，日用香料香精的主要作用是掩盖其他原料的不良气味，同时能够赋予加香产品愉悦的香气特征，具有重要作用。其产品已经广泛应用于日用品（如香水、化妆品、洗涤剂）、医药、纺织、皮革、油墨等领域。

据国际日用香料协会（IFRA）的数据显示，2017年全球日用香料香精行业销售额达73亿欧元；下游加香产品行业销售额则达到3570亿欧元，其中化妆品及个人护理用品（含香水）占77%，家庭护理及清洁用产品占23%。随着人们生活水平的提高，日用香料香精行业能够为消费者带来更多美好的感官享受，其发展前景日益受到广泛关注。

第一节　花香型日用香精

花香型日用香精大多是模仿天然花香配制而成，主要有玫瑰、茉莉、白兰、橙花、铃兰、薰衣草、桂花、丁香、栀子花、晚香玉、紫罗兰、风信子、金合欢、郁金香、依兰依兰、蜡梅花等数十种。它们主要用于化妆品、香水、花露水、空气清新剂、香皂、香波、洗涤剂、清洁剂等日化产品中。

一、玫瑰香精

玫瑰自古就有花后之称，是美国、法国、保加利亚、罗马尼亚等国的国花，也是我国沈阳、乌鲁木齐、兰州、银川、拉萨等市的市花。目前全世界的玫瑰品种已达七千种。玫瑰花香气甜韵，香料工业中使用的以保加利亚卡赞拉克山谷和土耳其伊斯帕尔塔山谷种植的大马士革玫瑰品质最佳，我国山东平阴、甘肃苦水、北京妙峰山的玫瑰也很有名。香精配方中多模仿红玫瑰、紫红玫瑰、粉红玫瑰、黄玫瑰、白玫瑰等品种的香气。

（一）玫瑰香精的组成

1.主香剂

玫瑰醇、苯乙醇、香茅醇、香叶醇、四氢香叶醇、玫瑰醚、大马酮、甲酸玫瑰酯、乙酸玫瑰酯、甲酸香叶酯、乙酸香叶酯、甲酸香茅酯、乙酸香茅酯、玫瑰浸膏、玫瑰油、橙花油、香叶油、山萩油、康酿克油、墨红浸膏、金合欢浸膏、银白金合欢浸膏等。

2.协调剂

芳樟醇、橙花醇、苯丙醇、肉桂醇、二氢月桂烯醇、柠檬醛、β-环高柠檬醛、羟基香茅醛、甲基紫罗兰酮、α-紫罗兰酮、丁香酚、异丁香酚、苄基异丁香酚、苯乙酸、甲酸桂酯、乙酸苯乙酯、乙酸橙花酯、丙酸玫瑰酯、丙酸香叶酯、丙酸苯乙酯、苯乙酸香叶酯、玫瑰木油、玫瑰草油、愈创木油、丁香罗勒油等。

3.变调剂

壬醇、癸醇、松油醇、柏木醇、橙花叔醇、二甲基苯基原醇、二甲基苄基原醇、壬醛、癸醛、苯乙醛、鸢尾酮、橙花酮、异甲基紫罗兰酮、乙酰基丁香酚、乙酰基异丁香酚、异丁香酚甲醚、二苯醚、二苯甲烷、麦芽酚、γ-壬内酯、柠檬腈、杨梅醛、甲酸柏木酯、乙酸柏木酯、乙酸檀香酯、乙酸岩兰草酯、乙酸愈创木酯、乙酸辛酯、乙酸壬酯、乙酸癸酯、乙酸苄酯、乙酸苯乙酯、丙酸苯乙酯、丁酸苄酯、庚酸乙酯、壬酸乙酯、戊酸苯乙酯、苯乙酸苯乙酯、桂酸苯乙酯、苯乙醛二甲缩醛、α-戊基桂醛二苯乙缩醛、檀香油、香根油、柠檬油、楠叶油、柏木油、依兰依兰油、茉莉净油、岩兰草油、广藿香油等。

4.定香剂

苯甲酸、肉桂酸、香兰素、乙基香兰素、结晶玫瑰、肉桂酸肉桂酯、各种硝基麝香、佳乐麝香、昆仑麝香、安息香膏、苏合香膏、吐鲁香膏、秘鲁香膏、乳香香脂、邻苯二甲酸二乙酯等。

（二）玫瑰香精配方

红玫瑰香精配方

玫瑰醇	25	玫瑰油	5
香叶醇	20	壬醛	0.1
苯乙醇	20	康酿克绿油	1.2
香茅醇	10	柠檬醛	0.5
丁香酚	1	癸醇	0.2
橙花醇	8	芳樟醇	2.5
苯乙醛二甲缩醛	2	甲基紫罗兰酮	0.5
山萩油	4		

注：配方中数字如无特别说明，则表示质量份，下同。

粉红玫瑰香精配方

香茅醇	35	甲酸香茅酯	2
玫瑰醇	20	玫瑰油	5
苯乙醇	13	芳樟醇	2.5
香叶醇	8	康酿克绿油	0.5
橙花醇	5	乙酰基丁香酚	0.5
乙酸苯乙酯	2	壬醇	0.4
苯乙醛二甲缩醛	2	壬醛	0.1
山萩油	3	茉莉净油	1

紫红玫瑰香精配方

苯乙醇	25	玫瑰油	5
香叶醇	20	山萩油	3.5
玫瑰醇	18	康酿克绿油	1
橙花醇	10	鸢尾凝脂	1
香茅醇	8	岩兰草油	0.2
芳樟醇	4	丁香酚	0.8
柠檬醛	0.5	壬醛（10%）	0.5
甲基紫罗兰酮	2		

黄玫瑰香精配方

香茅醇	28	玫瑰油	5
玫瑰醇	22	山萩油	3.5
苯乙醇	14	愈创木油	2

香叶醇	6	康酿克油	0.5
橙花醇	5	香根油	0.5
芳樟醇	2	α-戊基桂醛二苯乙缩醛	1.5
乙酸愈创木酚	3	蔷薇花香基	6
甲基紫罗兰酮	1		

白玫瑰香精配方

玫瑰醇	20	乙酸苯乙酯	4
香茅醇	20	苯乙醛（50％）	4
香叶醇	12	玫瑰油	5
橙花醇	7	山萩油	4.5
苯乙醇	5	藿香油	1
甲基紫罗兰酮	5	芳樟醇	3
丙酸苯乙酯	3	癸醛（10％）	0.5
壬醛（10％）	1	茉莉香基	5

二、茉莉香精

茉莉花属于正宗鲜韵花香。清鲜飘逸，舒适宜人。世界上的茉莉花多达200多种，但在香料中使用的只有两种：小花茉莉和大花茉莉。

小花茉莉，即中国广东、福建盛产的茉莉花。除用于制作茉莉花茶外，已大量用于制浸膏及净油。与大花茉莉相比较，因含对甲酚、对甲酚酯、邻氨基苯甲酸甲酯、吲哚等较少，香气鲜雅偏清。

大花茉莉亦称为素馨花，主产于法国、意大利、埃及。中国广东也有少量种植。国外生产的茉莉花浸膏及净油大多属于大花茉莉。因含对甲酚、对甲酚酯、邻氨基苯甲酸甲酯、吲哚比小花茉莉多，所以大花茉莉香气鲜浓偏浊。

（一）茉莉香精的组成

1.主香剂

芳樟醇、乙酸叶醇酯、乙酸肉桂酯、乙酸苄酯、乙酸苯乙酯、乙酸芳樟酯、乙酸对甲酚酯、邻氨基苯甲酸甲酯、茉莉酮酸甲酯、二氢茉莉酮酸甲酯、茉莉内酯、茉莉酮、二氢茉莉酮、赛茉莉酮、对甲酚、吲哚、α-戊基桂醛二苯乙缩醛、α-戊基桂醛曳馥基、α-己基桂醛曳馥基、小花茉莉浸膏、小花茉莉净油、大花茉莉浸膏、大花茉莉净油、玳玳花油、玳玳叶油、白兰花油、白兰叶油、苦橙叶油、依兰依兰油、树兰油、芫荽籽油等。

2.协调剂

苯甲醇、苯乙醇、α-戊基桂醇、香茅醇、香叶醇、橙花醇、玫瑰醇、α-油醇、金合欢醇、橙花叔醇、二氢月桂烯醇、羟基香茅醛、苯丙醛、甲基紫罗兰酮、甲酸苄酯、丙酸苄酯、丙酸芳樟酯、丁酸苄酯、苯乙酸对甲酚酯、邻氨基苯甲酸乙酯、N-甲基邻氨基苯甲酸甲酯、水杨酸苄酯等。

3.变调剂

庚醇、辛醇、肉桂醇、癸醛、苯乙醛、柑青醛、茴香醛、紫罗兰酮、丁香酚、对甲酚甲醚、异丁香酚甲醚、异丁香酚苄醚、二甲基苄基原醇乙酸酯、二甲基苯乙基原醇乙酸酯、苯甲酸苄酯、γ-壬内酯、γ-十一内酯、6-甲基四氢喹啉、甜橙油等。

4.定香剂

苯甲醇、肉桂醇、甲基萘基甲酮、苯乙酸、β-萘甲醚、合成麝香、天然麝香、灵猫香膏、吐鲁香膏、苏合香膏、安息香膏、乳香香膏等。

（二）茉莉香精配方

大花茉莉香精配方

乙酸苄酯	32	芳樟醇	7.5
乙酸芳樟酯	7.5	苯乙醇	5
苄醇	16	羟基香茅醛	5
α-戊基桂醛二苯乙缩醛	6	乙酸对甲酚酯	2
α-戊基桂醛曳馥基	2	苯甲酸苄酯	1
甲基紫罗兰酮	1	α-松油醇	0.5
大花茉莉净油	5	丁香酚	0.5
依兰依兰油	4	吲哚（10%）	4
树兰油	1		

小花茉莉香精配方

乙酸苄酯	30	小花茉莉净油	4
苯甲醇	12	小花茉莉浸膏	2
乙酸芳樟酯	10	依兰依兰油	2.5
芳樟醇	10	茉莉酮	3
苯乙醇	7	α-紫罗兰酮	1
α-戊基桂醛二苯乙缩醛	7	苯甲酸苄酯	1

羟基香茅醛	5	吲哚（10%）	3
α-戊基桂醛曳馥基	2	丁香酚	0.5

三、白兰香精

白兰，别名缅桂、白玉兰，木兰科的常绿乔木，花白色，极芳香，原产于印度尼西亚的爪哇森林中，我国广东、福建有种植，是著名的香料植物，也用于制作花茶，地位仅次于茉莉。

（一）白兰香精的组成

1.主香剂

白兰花浸膏、白兰花油、白兰叶油、芳樟醇、橙花醇、苯乙醇、对甲酚甲醚、二氢茉莉酮、乙酸苄酯、环己基丙酸烯丙酯、丁酸甲酯、2-甲基丁酸甲酯、异戊酸乙酯、己酸烯丙酯、二氢茉莉酮酸甲酯、吲哚、3-甲基吲哚、6-甲基喹啉等。

2.协调剂

α-松油醇、α-戊基桂醇、苯甲醇、二氢月桂烯醇、异丁香酚、α-戊基桂醛、α-己基桂醛、苯乙醛二甲缩醛、α-紫罗兰酮、甲基紫罗兰酮、乙酸对甲酚酯、乙酸芳樟酯、茉莉酯、小花茉莉净油、依兰依兰净油等。

3.变调剂

肉桂醇、羟基香茅醛、苯甲醛、甲酸苯乙酯、乙酸肉桂酯、乙酸苏合香酯、丙酸乙酯、丁酸乙酯、香豆素、香叶油等。

4.定香剂

肉桂酸肉桂酯、邻氨基苯甲酸芳樟酯、乳香香树脂、昆仑麝香、酮麝香等。

（二）白兰香精配方

配方1

白兰叶油	10	乙酸苄酯	7
白兰花浸膏	5	苯乙醛二甲缩醛	3
白兰花净油	2	α-戊基桂醛	5
依兰依兰油	5	甲基紫罗兰酮	3

橙叶油	4	芳樟醇	15
酮麝香	3	苯乙醇	10
昆仑麝香	2	肉桂醇	5
羟基香茅醛	5	α-松油醇	3
异丁香酚	5	乳香香树脂	3

配方 2

苯乙醛二甲缩醛	15	羟基香茅醛	4
苯乙醛（50%）	12	乙酸苄酯	10
香叶醇	3	肉桂醇	6
乙酸肉桂酯	2	苯乙醇	5
α-戊基桂醛二苯乙缩醛	5	香兰素	5
肉桂酸苯乙酯	3	甲基紫罗兰酮	4
山萩油	8	白兰叶油	3
β-萘甲醚	1	依兰依兰油	2
茉莉酯	2	白兰浸膏	2
酮麝香	1	异丁香酚	1

四、橙花香精

橙花是苦橙树和甜橙树的花，中国、埃及、摩洛哥、阿尔及利亚、美国、意大利、法国等地都有分布。橙花属于鲜香香韵，香气与玳玳花类似，苦橙花的香气比甜橙花好。苦橙花油是名贵香料，是高档香水香精、化妆品香精的上好原料。

（一）橙花香精的组成

1.主香剂

苦橙花油、苦橙花净油、苦橙花浸膏、玳玳花净油、玳玳花浸膏、橙花醇、橙花叔醇、芳樟醇、香叶醇、α-松油醇、橙花酮、二氢茉莉酮、苦橙叶油等。

2.协调剂

辛醇、壬醇、癸醇、月桂醇、苯乙醇、α-戊基桂醇、金合欢醇、α-戊基桂醛、α-己基桂醛、羟基香茅醛、二氢茉莉酮酸甲酯、乙酸香叶酯、乙酸橙花酯等。

3.变调剂

玫瑰醇、丁香酚、异丁香酚、庚醛、辛醛、壬醛、癸醛、十一醛、月桂醛、苯丙醛、兔耳草醛、苯乙醛二甲缩醛、α-紫罗兰酮、β-紫罗兰酮、甲基紫罗兰酮、异甲基紫罗兰酮、甲酸癸酯、乙酸辛酯、乙酸壬酯、乙酸癸酯、乙酸苄酯、苯乙酸苄酯、γ-十一内酯、甜橙油、依兰依兰油、小花茉莉净油等。

4.定香剂

β-萘甲醚、β-萘乙醚、苯甲酸异丁酯、邻氨基苯甲酸芳樟酯、α-戊基桂醛-邻氨基苯甲酸甲酯曳馥基等。

（二）橙花香精配方

配方 1

橙叶油	30	橙花醇	5
芳樟醇	25	α-戊基桂醛	4
α-松油醇	8	月桂醇	1
乙酸橙花酯	8	苯乙酸	1
乙酸芳樟酯	7	吲哚（10％）	0.8
邻氨基苯甲酸甲酯	5	癸醛（10％）	0.2
羟基香茅醛	5		

配方 2

橙叶油	25	甲基紫罗兰酮	2
苄醇	25	邻氨基苯甲酸芳樟酯	1
芳樟醇	10	α-松油醇	1
苯乙醇	8	甲基萘基酮	1
香叶醇	4	乙酸香叶酯	1
乙酸苄酯	4	癸醛（10％）	1
羟基香茅醛	4	树兰花油	1
α-戊基桂醛曳馥基	3	茉莉浸膏	1
玳玳花油	3	依兰依兰油	3
β-萘甲醚	2		

五、铃兰香精

铃兰亦称野百合，别名君影草、草玉铃，为百合科铃兰属多年生草本植物，我国和世界许多地区有野生分布，常生于阴坡林下。铃兰幽雅清丽，芳香宜人。在英国与法国，铃兰深受人们喜爱，象征着美好与幸福。在我国，铃兰因生长于深山，静吐芳香，因而有"君当如兰，幽谷长风，宁静致远"的寓意。铃兰的花朵小、花期短，使得天然铃兰浸膏和净油的成本高、较难获取，因而常用合成香料进行调配。但近年来随着欧盟化妆品法规对新铃兰醛、铃兰醛的禁用要求，我国《化妆品安全技术规范》也明确表示禁止新铃兰醛在化妆品中的使用，因此很多香料公司在寻找和发现其他铃兰香的原料，如阿道克醛、风铃醇等。

（一）铃兰香精的组成

1.主香剂

铃兰浸膏、铃兰净油、叶醇、十一烯醇、月桂醇、苯丙醛、苯乙醇、苯丙醇、芳樟醇、金合欢醇、玫瑰醇、α-松油醇、二甲基苄基原醇、野百合醛、羟基香茅醛、兔耳草醛、十一烯醛、月桂醛、α-紫罗兰酮、甲基紫罗兰酮、甲酸玫瑰酯、乙酸玫瑰酯、乙酸叶醇酯、邻氨基苯甲酸甲酯、邻氨基苯甲酸乙酯、吲哚、3-甲基吲哚等。

2.协调剂

香叶醇、香茅醇、橙花醇、橙花叔醇、月桂烯醇、二氢月桂烯醇、辛醛、甲基壬基乙醛、癸醛、乙酸香叶酯、乙酸苄酯、乙酸苯乙酯、乙酸肉桂酯、丙酸苄酯、丁酸肉桂酯、肉桂酸甲酯、肉桂酸苯乙酯、肉桂酸芳樟酯、二氢茉莉酮酸甲酯、二氢异茉莉酮酸甲酯等。

3.变调剂

异丁香酚、玫瑰醚、苯甲醛、大茴香醛、枯茗醛、香兰素、乙基香兰素、突厥烯酮、对甲氧基苯乙酮、二氢茉莉酮、甲酸苯乙酯、乙酸苯乙酯、丙酸苯乙酯、丁酸苯乙酯、柠檬油、香柠檬油、檀香油、香茅油等。

4.定香剂

灵猫香、合成麝香、苯乙醛二甲缩醛、二苯甲酮、肉桂酸苄酯、肉桂酸肉桂酯、安息香香树脂等。

（二）铃兰香精配方

配方 1

羟基香茅醛	30	茉莉油	1.5

芳樟醇	20	含羞草油	1.5
苯乙醇	20	鸢尾油	4
α-松油醇	10	橙花醇	1.5
壬醇	0.5	玫瑰油	1
月桂醛	0.2	杏仁油	0.3
癸醛	0.2	桃醛	0.1
苯乙醛	0.1	杨梅醛	0.1

配方 2

羟基香茅醛	32	香茅醇	8
芳樟醇	8	依兰依兰油	1
苯甲醇	6.4	紫罗兰油（10%）	0.5
肉桂醇	6	苦杏仁油（10%）	0.5
α-戊基桂醛	6	小豆蔻油	0.1
苯乙醇	5	乙酸苄酯	5
甲基紫罗兰酮	5	甲酸香茅酯	0.5
苯丙醇	2	丁酸香叶酯	0.5
α-松油醇	2	丙酸苄酯	0.5
玫瑰醇	2	对甲基苯乙醛（50%）	1
α-紫罗兰酮	2	茉莉净油	2
吲哚（10%）	2		

六、薰衣草香精

薰衣草为唇形科、薰衣草属多年生亚灌木，原产于地中海地区。世界最著名的薰衣草产地有两个，一个是位于法国南部的普罗旺斯，另一个是日本北海道的富良野。中国新疆的薰衣草也很有名。

薰衣草虽名"草"，却有着细长的茎干，末梢上开着蓝紫色的小花，花形如小麦穗状，香气高雅芬芳、清爽甘甜，属于清韵花香。

（一）薰衣草香精的组成

1.主香剂

莰烯、芳樟醇、香叶醇、橙花醇、龙脑、樟脑、桉叶油素、乙酸芳樟酯、乙酸薰衣草酯、乙酸龙脑酯、香柠檬薄荷油、薰衣草浸膏、薰衣草油、杂薰衣草油、穗薰衣草油等。

2.协调剂

罗勒烯、α-松油醇、丁香酚、甲酸芳樟酯、甲酸香叶酯、乙酸 α-松油酯、丙酸芳樟酯、丁酸芳樟酯、戊酸芳樟酯、芳樟油、迷迭香油、玫瑰木油、玳玳叶油等。

3.变调剂

α-蒎烯、β-蒎烯、叶醇、苯丙醇、香茅醇、金合欢醇、二氢月桂烯醇、百里香酚、辛醛、癸醛、枯茗醛、柠檬醛、2,3-丁二酮、甲基壬基甲酮、苯乙酮、对甲基苯乙酮、橙花酮、甲基紫罗兰酮、甲酸香茅酯、乙酸香茅酯、乙酸烯丙酯、乙酸柏木酯、丙酸 α-松油酯、丁酸香茅酯、丁酸香叶酯、庚炔羧酸甲酯、辛炔羧酸甲酯、γ-己内酯、γ-辛内酯、百里香油等。

4.定香剂

香豆素、春黄菊浸膏、橡苔浸膏、岩蔷薇浸膏、苏合香香树脂等。

（二）薰衣草香精配方

配方 1

薰衣草油	25	乙酸苄酯	7
穗薰衣草油	25	香豆素	5
香叶油	10	酮麝香	5
香柠檬油	10	龙脑	1
迷迭香油	8	广藿香油	1
百里香油	3		

配方 2

芳樟醇	22	薰衣草油	22
乙酸芳樟酯	13	紫苏油	6
玫瑰醇	7	丁香罗勒油	5
甲酸苯乙酯	3	柏叶油	4
乙酸香叶酯	3	山苍子油	1
乙酸松油酯	2	香叶油	0.5
乙酸肉桂酯	2	桉叶油	0.5
香豆素	2	桉叶油素	4
辛炔羧酸甲酯	1	异黄樟油素	2

七、桂花香精

桂花是中国特有芳香植物，为常绿乔木或小乔木，是我国传统十大名花之一，也是杭州市、桂林市的市花。桂花久经栽培，变种很多，常见的有金桂、银桂、丹桂、四季桂等。金桂花色金黄，香气浓郁，产花量大并且容易脱落，便于采收，是常见的类型，栽培品种较多。银桂花黄白色，花极香，着花牢固，不易采收。丹桂花色橙黄或橙红，香气较淡，着花牢固，不易采收。四季桂花淡黄，一年数次开花，花量小，香味较淡，一般供观赏。

（一）桂花香精的组成

1.主香剂

桂花浸膏、桂花净油、叶醇、香叶醇、橙花醇、芳樟醇、α-松油醇、2,6-壬二烯醛、α-紫罗兰酮、β-紫罗兰酮、甲基紫罗兰酮、异甲基紫罗兰酮、α-鸢尾酮、辛炔羧酸甲酯、γ-辛内酯、γ-癸内酯、γ-十一内酯、鸢尾浸膏、鸢尾凝脂、紫罗兰叶浸膏、紫罗兰叶净油等。

2.协调剂

月桂醇、苄醇、苯乙醇、肉桂醇、玫瑰醇、香茅醇、四氢香叶醇、β-大马酮、叶酸叶醇酯、乙酸苄酯、庚酸乙酯、邻氨基苯甲酸甲酯、邻氨基苯甲酸乙酯、白兰叶油、苦橙叶油等。

3.变调剂

己醇、癸醇、异丁香酚、苯乙醛、苯丙醛、α-戊基桂醛、α-己基桂醛、枯茗醛、大茴香醛、兔耳草醛、羟基香茅醛、3-羟基丁酮、苯乙醛二甲缩醛、乙酸香茅酯、丁酸肉桂酯、壬酸苯乙酯、水杨酸异丁酯、γ-壬内酯、檀香油、树兰油等。

4.定香剂

苏合香香树脂、檀香208等。

（二）桂花香精配方

配方1

| 甲基紫罗兰酮 | 38 | 鸢尾油 | 9 |
| 乙酸苄酯 | 8 | 卡南加油 | 2 |

α-松油醇	7	茉莉油	1.2
紫罗兰叶浸膏	1.2	香叶醇	4
橡苔浸膏	1.2	芳樟醇	3
康酿克油	1	苯乙醇	2
橙花素	1	肉桂醇	2
乙酸己酯	1	水杨酸戊酯	2
乙酸苯乙酯	1	乙酸香茅酯	2
苯乙醛（50%）	1	羟基香茅醛	2
辛炔羧酸甲酯	0.4	α-紫罗兰酮	2
桃醛	4		

配方 2

甲基紫罗兰酮	20	二氢茉莉酮酸甲酯	2
异甲基紫罗兰酮	16	二氢月桂烯醇	2
乙酸苄酯	7	兔耳草醛	1
α-松油醇	5	鸢尾油	8
香叶醇	5	依兰油	2
茴香醛	2	紫罗兰叶净油	1.2
γ-癸内酯	2.5	康酿克油	1
γ-十一内酯	2.5	桂花浸膏	4
乙酸苯乙酯	2	苏合香香树脂	2.5
乙酸香茅酯	2	丁香油	0.5
水杨酸甲酯	2	金合欢浸膏	2
乙酸肉桂酯	2	辛炔羧酸甲酯	0.2
壬酸苯乙酯	1	乙酸己酯	0.1
邻氨基苯甲酸甲酯	0.5	枯茗醛	0.1
对苯二酚二甲醚	0.5	苯乙醛	0.4

八、丁香香精

丁香花香气鲜幽双韵，是鲜、甜、清混合香气，鲜似茉莉，清似梅花。在调香应用中有紫花和白花两种，紫花鲜幽偏清，白花鲜幽偏浊。

（一）丁香香精的组成

1.主香剂

α-松油醇、橙花醇、芳樟醇、香茅醇、玫瑰醇、苯乙醇、茴香醇、金合欢醇、月桂烯醇、二氢月桂烯醇、茴香醛、苯乙醛、羟基香茅醛、α-戊基桂醛、苯乙醛二甲缩醛、茴香醛二乙缩醛、苯乙醛二松油缩醛、二氢茉莉酮、赛茉莉酮、乙酸茴香酯、茉莉酯、茉莉酮酸甲酯、二氢茉莉酮酸甲酯、乙酸茴香酯、吲哚、丁香油、茉莉净油、小花茉莉浸膏、玳玳花油、依兰油、白兰浸膏、白兰叶油等。

2.协调剂

苯甲醇、肉桂醇、α-戊基桂醇、苯丙醇、香叶醇、二甲基苄基原醇、苯甲醛、苯乙醛、α-紫罗兰酮、甲基紫罗兰酮、异甲基紫罗兰酮、丁香酚、异丁香酚、二甲基对苯二酚、戊基桂醛二茴香缩醛、戊基桂醛二苯乙缩醛、乙酸苄酯、乙酸苯乙酯、乙酸苯丙酯、乙酸对甲酚酯、乙酸香茅酯、乙酸芳樟酯、丁酸香叶酯、邻氨基苯甲酸甲酯、戊基桂醛曳馥基、玳玳花油、玳玳叶油、苦橙油、芫荽籽油、松针油、鸢尾油、树兰油等。

3.变调剂

辛醇、月桂醇、叶醇、十一烯醇、月桂醇、苯丙醛、兔耳草醛、柠檬醛、枯茗醛、甲基壬基乙醛、柑青醛、苯乙酮、山楂花酮、对甲基苯乙酮、甲基乙基甲酮、大马酮、对甲酚甲醚、乙酰基异丁香酚、风信子素、香兰素、香豆素、6-甲基喹啉、γ-辛内酯、桃醛、杨梅醛、甲酸香茅酯、甲酸苯乙酯、乙酸辛酯、乙酸对甲酚酯、乙酸三环癸烯酯、丙酸苄酯、苯甲酸苄酯、庚炔羧酸甲酯、水杨酸异戊酯、邻氨基苯甲酸芳樟酯、罗勒油、柠檬油、香柠檬油、甜橙油、香叶油、山萩油、檀香油、小豆蔻油等。

4.定香剂

肉桂酸、橙花叔醇、苯乙酸香叶酯、肉桂酸苯乙酯、水杨酸苄酯、水杨酸苯乙酯、异丁香酚甲醚、异丁香酚苄醚、6-甲基四氢喹啉、合成麝香、安息香香树脂等。

（二）丁香香精配方

紫丁香香精配方

乙酸苄酯	15	苄醇	5
赛茉莉酮	7	α-松油醇	5
二氢茉莉酮	3	苯乙醇	4
α-紫罗兰酮	2	肉桂醇	3

43

甲基紫罗兰酮	2	茴香醇	2
苯乙醛二甲缩醛	4	二甲基苄基原醇	2
戊基桂醛二茴香缩醛	4	白兰叶油	8
羟基香茅醛	5	柠檬油	5
茴香醛	3	树兰油	3
柠檬醛	2	小茉莉花浸膏	10
乙酸苯乙酯	4	苦橙叶油	2

白丁香香精配方

乙酸苄酯	15	α-松油醇	8
赛茉莉酮	8	苯乙醇	7
α-紫罗兰酮	3	苯甲醇	4
甲基紫罗兰酮	3	肉桂醇	3
戊基桂醛二苯乙缩醛	2	茴香醇	3
戊基桂醛曳馥基	2	二甲基苄基原醇	2
羟基香茅醛	5	大花茉莉浸膏	10
茴香醛	3	柠檬油	5
白兰叶油	5	酮麝香	2
树兰花油	3	柠檬醛	3
橙叶油	2		

九、紫罗兰香精

紫罗兰花极香,属幽清香韵,原产欧洲,在亚洲和北美也有野生或栽培,品种很多,用于香料行业的主要有两种,一种是重瓣花,苍蓝色,幽清中甜气较浓;另一种是单瓣花,蓝紫色,幽清中青气较重。紫罗兰叶也可提取香料,香气与紫罗兰浸膏有很大不同,属于非花香清滋香韵。

(一)紫罗兰香精的组成

1.主香剂

叶醇、香叶醇、玫瑰醇、芳樟醇、茴香醇、茴香醛、2,6-壬二烯醛、α-紫罗兰酮、β-紫罗兰酮、甲基紫罗兰酮、异甲基紫罗兰酮、鸢尾酮、庚炔羧酸甲酯、辛炔羧酸甲酯、茴香腈、紫罗兰花浸膏、紫罗兰花净油、鸢尾油等。

2.协调剂

苯甲醇、苯乙醇、α-松油醇、金合欢醇、橙花叔醇、丁香酚、异丁香酚、异丁香酚苄醚、乙酰基异丁香酚、乙酸苄酯、乙酸芳樟酯、乙酸茴香酯、庚炔羧酸甲酯、丁香油、香柠檬油、橙叶油、玳玳叶油、岩兰草油、柏木油、玫瑰木油、洋甘菊浸膏、茉莉浸膏、大花茉莉净油、紫罗兰叶净油、橡苔净油、金合欢净油等。

3.变调剂

癸醇、月桂醇、苯乙醛、羟基香茅醛、枯茗醛、柠檬醛、兔耳草醛、月桂醛、甲基壬基乙醛、香兰素、香豆素、乙酸苯乙酯、乙酸肉桂酯、乙酸异戊酯、乙酸柏木酯、苯乙酸苯乙酯、十四酸乙酯、水杨酸甲酯、水杨酸异丁酯、玫瑰油、香叶油、柠檬油、树兰油、依兰依兰油、檀香油、香附油、丁香罗勒油、甜罗勒油、圆叶当归根油、白兰浸膏、灵猫香净油、金合欢净油等。

4.定香剂

鸢尾油、岩蔷薇浸膏、苏合香香树脂、秘鲁香香树脂、安息香香树脂、合成麝香等。

（二）紫罗兰香精配方

重瓣紫罗兰香精配方

甲基紫罗兰酮	20	小花茉莉香基	15
α-紫罗兰酮	10	依兰依兰油	8
β-紫罗兰酮	10	香柠檬油	5
茴香醛	7	灵猫香净油	1
丁香酚	5	檀香油	1
金合欢净油	1	月桂醛（10%）	3
大花茉莉净油	1	羟基香茅醛	2
鸢尾油	3	辛炔羧酸甲酯	2
香豆素	2	香兰素	1

单瓣紫罗兰香精配方

甲基紫罗兰酮	40	大花茉莉香基	10
β-紫罗兰酮	10	香柠檬油	10
依兰依兰油	6	羟基香茅醛	4
金合欢净油	2	茴香醛	4
紫罗兰叶净油	1	异丁香酚苄醚	5
鸢尾油	1	庚炔羧酸甲酯	1

十、栀子花香精

栀子花为茜草科、栀子属常绿灌木，又名山栀、黄栀子、白蝉花、黄果树，主要分布在我国长江以南地区，以湖南和江西为主要分布地。栀子花朵形状奇特，花色洁白如雪，香气属于鲜甜香韵，既有茉莉之浓烈，又有兰蕙之优雅，令人心旷神怡。

（一）栀子花香精的组成

1.主香剂

苯乙醇、芳樟醇、α-松油醇、丁香酚、异丁香酚、乙酸苄酯、乙酸苯乙酯、乙酸苏合香酯、丙酸甲基苯基原酯、邻氨基苯甲酸甲酯、γ-辛内酯、γ-壬内酯、栀子浸膏、栀子净油等。

2.协调剂

苄醇、大茴香醇、二甲基苯乙基原醇、肉桂醇、橙花醇、对苯二酚二甲醚、羟基香茅醛、α-戊基桂醛、α-己基桂醛、二氢茉莉酮、乙酸肉桂酯、乙酸芳樟酯、二乙酸苯乙二醇酯、苯甲酸异丁酯、二氢茉莉酮酸甲酯、异茉莉酮酸甲酯、邻氨基苯甲酸乙酯、γ-十一内酯、茉莉内酯、大花茉莉浸膏、大花茉莉净油、依兰依兰油、白兰浸膏、白兰净油、树兰油等。

3.变调剂

叶醇、10-十一烯-1-醇、α-紫罗兰酮、β-紫罗兰酮、甲基紫罗兰酮、苯乙醛二甲缩醛、甲酸苄酯、乙酸异戊酯、乙酸叶醇酯、乙酸辛酯、乙酸三环癸烯酯、乙酸β-十氢萘酯、乙酸玫瑰酯、丙酸香叶酯、庚炔羧酸甲酯、辛炔羧酸甲酯、苯乙酸对甲酚酯、吲哚、3-甲基吲哚。

4.定香剂

异丁香酚苄醚、苯甲酸苄酯、肉桂酸苯乙酯、吐鲁香树脂等。

（二）栀子花香精配方

配方1

乙酸苄酯	20	依兰依兰油	10
α-戊基桂醛	10	甜橙油	4
苯乙醇	8	吐鲁香树脂	2

芳樟醇	5	乙酸芳樟酯	5
α-松油醇	4	乙酸苏合香酯	4
肉桂醇	3	邻氨基苯甲酸甲酯	2
茴香醇	2	桃醛	4
兔耳草醛	6	乙基香兰素（10％）	3
酮麝香	3	辛醛（10％）	2
异丁香酚	2	吲哚（10％）	1

配方 2

α-戊基桂醛	14	甜橙油	8
苯乙醇	8	玳玳花油	4
芳樟醇	5	茉莉浸膏	3
α-松油醇	5	吐鲁香树脂	3
肉桂醇	4	甲酸苄酯	5
橙花醇	4	乙酸肉桂酯	5
丁香酚	3	乙酸苄酯	4
兔耳草醛	3	γ-壬内酯	3
异丁香苄醚	2	γ-十一内酯	2
乙酸苄酯	15		

十一、晚香玉香精

晚香玉是石蒜科晚香玉属多年长宿根草本植物，别名夜来香、月下香。晚香玉花色如玉，芳香扑鼻，夜间香味更浓，兼有清、甜、鲜三韵，属于幽韵花香。

（一）晚香玉香精的组成

1.主香剂

苯乙醇、橙花醇、香叶醇、芳樟醇、乙酸苏合香酯、乙酸苄酯、乙酸苯乙酯、水杨酸甲酯、邻氨基苯甲酸甲酯、邻氨基苯甲酸乙酯、γ-壬内酯、冬青油、晚香玉净油、小花茉莉净油、依兰依兰油、苦橙花油等。

2.协调剂

苄醇、玫瑰醇、金合欢醇、羟基香茅醛、α-戊基桂醛、α-己基桂醛、二氢茉莉酮、α-紫罗兰酮、β-紫罗兰酮、α-甲基紫罗兰酮、β-甲基紫罗兰酮、乙酸芳樟酯、苯甲酸乙酯、苯甲酸异丁酯、水杨酸乙酯、水杨酸异丁酯、水杨酸异戊酯、白兰叶油等。

3.变调剂

壬醇、十一醇、月桂醇、丁香酚、异丁香酚、壬醛、十一醛、10-十一烯醛、月桂醛、甲基己基甲酮、甲酸苄酯、乙酸三环癸烯酯、γ-辛内酯、γ-十一内酯、香叶油等。

4.定香剂

苯甲酸苄酯、肉桂酸苯乙酯、肉桂酸肉桂酯、水杨酸苄酯、水杨酸苯乙酯等。

（二）晚香玉香精配方

配方1

芳樟醇	50	晚香玉净油	10
α-松油醇	5	安息香香树脂	10
苄醇	5	依兰依兰油	5
香兰素	5	茉莉净油	5
丁香酚	2	羟基香茅醛	0.8
麝香 T	1	壬醇	0.2
壬醛	1		

配方2

芳樟醇	20	依兰依兰油	7.5
甲酸肉桂酯	10	秘鲁香树脂	7.5
壬酸乙酯	10	晚香玉净油	3
乙酸苄酯	5	冬青油	2
香叶醇	5	酸橙油	1
柠檬醛	4	月桂醛（10%）	3
异丁香酚	3	橙花醇	2
丁酸玫瑰酯	3	苯甲酸乙酯	2
甲基壬基乙醛（10%）	2	苯甲酸苄酯	2
邻氨基苯甲酸甲酯	2	佳乐麝香	1
α-戊基桂醛	2		

十二、刺槐花香精

刺槐又称洋槐，是豆科落叶乔木，我国长江以北广泛分布，其中黄河中下游各省最多。刺槐花有白色和淡紫红色，白色居多。刺槐花香气淡雅清甜，属于清甜鲜的幽清香韵。

（一）刺槐花香精的组成

1.主香剂

苯乙醇、大茴香醇、芳樟醇、α-松油醇、对甲基苯乙酮、乙酸大茴香酯、邻氨基苯甲酸甲酯、大茴香腈、刺槐花浸膏、刺槐花净油等。

2.协调剂

苄醇、二甲基苄基原醇、肉桂醇、香茅醇、玫瑰醇、香叶醇、橙花醇、金合欢醇、二氢月桂烯醇、苯乙醛、羟基香茅醛、苯乙酮、对甲氧基苯乙酮、苯乙酸、乙酸苄酯、丁酸苄酯、苯甲酸异丁酯、邻氨基苯甲酸乙酯、吲哚、3-甲基吲哚、白兰叶油、金合欢净油、依兰依兰油、橙花净油等。

3.变调剂

十一醇、丁香酚、异丁香酚、壬醛、2,6-壬二烯醛、枯茗醛、香兰素、乙基香兰素、α-戊基桂醛、α-己基桂醛、乙酸辛酯、苯乙酸异丁酯、肉桂酸甲酯、二氢茉莉酮酸甲酯、小花茉莉浸膏、小花茉莉净油等。

4.定香剂

对苯二酚二甲醚、β-萘乙酮、香豆素、酮麝香、灵猫香膏、秘鲁香树脂、吐鲁香树脂、安息香香树脂等。

（二）刺槐花香精配方

配方 1

大茴香醛	34	α-松油醇	11
苯乙醇	14	橙花素	7
邻氨基苯甲酸甲酯	2	γ-十一内酯	1
α-戊基桂醛	16	十一醇	1
对甲基苯乙酮	2	肉桂醇	7
刺槐花净油	1	大茴香醇	5

配方 2

大茴香醛	50	芳樟醇	15
苯乙酸	0.5	邻氨基苯甲酸甲酯	7.5
乙酸苄酯	8	苯乙醛	0.2

香兰素	3.5	含羞花净油	2
刺槐花净油	2	大茴香醇	1

十三、杜鹃花香精

杜鹃花亦称映山红、满山红、照山红、山踯躅、红踯躅、山石榴等，为杜鹃花科杜鹃花属落叶灌木，是中国十大名花之一，中国井冈山、台北、丹东、九江、新竹、嘉兴等市的市花。全世界杜鹃花有 960 多种，我国有 650 多种，大部分生长在西南部山区。杜鹃花花色五彩缤纷，香气清新淡雅，花香中有微微的酸甜味。

杜鹃花香精配方

配方 1

香叶醇	30	茉莉香基	14
羟基香茅醛	20	蔷薇油	12
肉桂醇	6	安息香香树脂	10
α-紫罗兰酮	3	依兰依兰油	2
香兰素	1	香豆素	0.5
佳乐麝香	1	丁香酚	0.5

配方 2

香叶醇	25	茉莉净油	10
橙花醇	15	依兰依兰油	6
肉桂醇	10	玫瑰油	3
羟基香茅醛	16	异丁香酚	2
甲基紫罗兰酮	4	香豆素	2
鸢尾酮	3	香兰素	1
酮麝香	2	山楂花酮	1

十四、风信子香精

风信子又名洋水仙，为百合科风信子属植物，原产东南欧、地中海东部沿岸及小亚细亚一带。风信子花单瓣或重瓣，花色有白、紫、粉红、黄、蓝等，香气强烈，属于甜鲜香韵，具有膏甜香并带有茉莉鲜韵和清香。

（一）风信子香精的组成

1.主香剂

风信子素、苯乙醇、苯丙醇、肉桂醇、芳樟醇、对苯二酚二甲醚、苯乙醛、苯丙醛、羟基香茅醛、N-甲基邻氨基苯甲酸甲酯等。

2.协调剂

苄醇、α-松油醇、橙花醇、金合欢醇、二甲基苄基原醇、二甲基苯乙基原醇、甲基紫罗兰酮、苯乙醛二甲缩醛、甲酸香茅酯、乙酸苯乙酯、乙酸苯丙酯、乙酸玫瑰酯、肉桂酸苯乙酯、二甲基苄基原醇乙酸酯、γ-辛内酯、橙叶油、白兰叶油、玳玳叶油、香柠檬油等。

3.变调剂

丁香酚、异丁香酚、对甲酚甲醚、壬醛、肉桂醛、兔耳草醛、香兰素、乙基香兰素、对甲基苯乙酮、丁香油等。

4.定香剂

苯乙酸、苯甲酸苄酯、苯甲酸肉桂酯、肉桂酸肉桂酯、苏合香香树脂等。

（二）风信子香精配方

配方 1

肉桂醇	10	苯乙醛（50％）	8
乙酸苄酯	7	羟基香茅醛	8
α-戊基桂醛曳馥基	4	甲基紫罗兰酮	5
树兰油	2	乙酸肉桂酯	4
橙叶油	1	肉桂酸苯乙酯	2
乙酸苯乙酯	3	α-松油醇	2
苯乙醇	3	异丁香酚	1
苯丙醇	3	对苯二酚二甲醚	0.5
二甲基苄基原醇乙酸酯	2	香兰素	0.5
二甲基苄基原醇	2	茉莉浸膏	5.5
乙酸苏合香酯	0.5	白兰叶油	4
兔耳草醛	0.5	依兰依兰油	2

配方 2

芳樟醇	20	苏合香油	4
肉桂醇	10	茉莉净油	3
苯乙醇	10	水仙净油	2
羟基香茅醛	20	玫瑰油	1
乙酸苄酯	15	格蓬油	1

丁香酚	5	苯乙醛	2
α-紫罗兰酮	2		

十五、广玉兰香精

广玉兰原产美洲亚热带，为木兰科、木兰属常绿乔木，又名荷花玉兰、洋玉兰。广玉兰花直径达 20～30 厘米，通常 6 瓣，有时多为 9 瓣，花大如荷花，白色，花洁如玉，香气四溢，属于鲜幽香韵。

（一）广玉兰香精的组成

1.主香剂

大茴香醇、四氢香叶醇、α-松油醇、橙花醛、大茴香醛、羟基香茅醛、茉莉酮、二氢茉莉酮、羟基香茅醛二异丁缩醛、α-戊基桂醛二大茴香醇缩醛、乙酸苄酯、乙酸大茴香酯、大茴香腈、柠檬油、广玉兰花浸膏、广玉兰花净油等。

2.协调剂

苄醇、苯乙醇、香叶醇、香茅醇、芳樟醇、金合欢醇、α-戊基桂醇、柠檬醛、香柠檬醛、兔耳草醛、α-戊基桂醛、α-己基桂醛、二氢茉莉酮酸甲酯、异二氢茉莉酮酸甲酯、邻氨基苯甲酸甲酯、柠檬腈、香茅腈、香柠檬油、甜橙油、白兰叶油、橙叶油、依兰依兰油、玫瑰油、铃兰浸膏、铃兰净油、茉莉净油等。

3.变调剂

叶醇、10-十一烯醇、肉桂醇、二甲基苄基原醇、龙脑、丁香酚、异丁香酚、壬醛、癸醛、月桂醛、苯乙醛、苯丙醛、香茅醛、香兰素、乙基香兰素、α-紫罗兰酮、β-紫罗兰酮、甲基紫罗兰酮、甲酸香茅酯、乙酸肉桂酯、丙酸苯乙酯、丁酸苯乙酯、香豆素、γ-十一内酯、香茅油、香荚兰浸膏等。

4.定香剂

异丁香酚甲醚、β-萘乙酮、肉桂酸肉桂酯、安息香香树脂、苏合香香树脂、乳香香树脂等。

（二）广玉兰香精配方

配方 1

苯乙醛二肉桂醇缩醛	18	山萩油	5

苯乙醛（50%）	13	白兰叶油	2.5
乙酸苄酯	8.5	依兰油	2
香兰素	6.5	橙叶油	2
肉桂醇	5.5	香叶油	1
苯乙醇	4.5	白兰浸膏	0.5
α-戊基桂醛二苯乙缩醛	4.5	橙花素	1
羟基香茅醛	4	香叶醇	3.5
乙酸苯基甲基原酯	0.5	甲基紫罗兰酮	3
辛炔羧酸甲酯	0.5	肉桂酸苯乙酯	3
兔耳草醛	0.5	乙酸肉桂酯	2.5
对苯二酚二甲醚	0.5	异丁香酚	2
乙酸苯乙酯	2		

配方 2

羟基香茅醛	20	酮麝香	10
橙花醇	12	依兰依兰油	5
香叶醇	10	橘子油	5
芳樟醇	8	香柠檬油	3
α-松油醇	5	橙花油	2
肉桂醇	5	乙酸苄酯	3
柠檬醛	5	香兰素	2

十六、金合欢香精

金合欢别名鸭皂树、消息树、猪牙皂、榲树、番苏木、金钱梅、绒祖刺、牛角花、洋梅花、刺根、刺球花、荆球花，是豆科金合欢属多棱有刺小乔木或灌木，是澳大利亚的国花。目前全世界有 800 余种金合欢，仅在澳大利亚就有500 多种。金合欢花香浓郁，属于幽清香韵，兼有甜、鲜、清三韵。

（一）金合欢香精的组成

1.主香剂

金合欢醇、橙花醇、香叶醇、芳樟醇、α-松油醇、大茴香醇、大茴香醛、枯茗醛、α-紫罗兰酮、β-紫罗兰酮、α-甲基紫罗兰酮、β-甲基紫罗兰酮、鸢尾酮、茉莉酮、二氢茉莉酮、乙酸大茴香酯、水杨酸甲酯、水杨酸异戊酯、金合欢浸膏、金合欢净油、桂花浸膏、桂花净油、小花茉莉净油、冬青油、白兰叶油等。

2.协调剂

2,6-壬二烯醇、月桂醇、苄醇、苯乙醇、四氢香叶醇、丁香酚、异丁香酚、癸醛、香兰素、乙基香兰素、苯乙酮、对甲基苯乙酮、对甲氧基苯乙酮、乙酸苄酯、丁酸香叶酯、丁酸玫瑰酯、丁酸芳樟酯、水杨酸乙酯、水杨酸异丁酯、水杨酸戊酯、香豆素等。

3.变调剂

10-十一烯-1-醇、2,6-壬二烯醛、十一醛、月桂醛、苯甲醛、苯丙醛、羟基香茅醛、兔耳草醛、α-戊基桂醛、α-己基桂醛、甲酸辛酯、乙酸辛酯、乙酸肉桂酯、乙酸对甲酚酯、丁酸肉桂酯、檀香208、檀香油、橡苔净油等。

4.定香剂

肉豆蔻酸异丙酯、β-萘乙酮、苏合香香树脂等。

（二）金合欢香精配方

配方1

甲基紫罗兰酮	30	含羞草油	5
α-松油醇	15	鸢尾浸膏	2
羟基香茅醛	15	金合欢净油	1
丁香酚	10	橙花净油	1
茴香醛	7	苯甲醛	1
β-萘乙酮	5	癸醛（10%）	1
芳樟醇	4	庚炔羧酸甲酯	1
水杨酸甲酯	2		

配方2

邻氨基苯甲酸甲酯	35	橙叶醇	5
茴香油	28	依兰依兰油	3
β-萘乙酮	7	香柠檬油	2
酮麝香	3	檀香油	2
α-松油醇	3	丁香油	2
芳樟醇	2	玫瑰油	2
肉桂酸甲酯	2	橙花油	1
乙酸苄酯	1	岩兰草油	1
茉莉净油	1		

十七、金银花香精

金银花是忍冬科、忍冬属半常绿缠绕灌木，又名忍冬花、银花、双花、对花、二花、二苞花、金银藤、鸳鸯藤等。金银花在我国大部分地区有生产，其中河南产的称"南银花"，山东产的称"东银花"。金银花品种较多，常见的有红金银花、黄脉金银花和白金银花等，香气以白金银花最佳，属于甜鲜花香香韵。近年来，金银花茶以金银花作窨茶香料。

（一）金银花香精的组成

1.主香剂

苯乙醇、肉桂醇、芳樟醇、α-松油醇、苯乙醛、羟基香茅醛、肉桂酸苯乙酯、金银花浸膏、金银花净油等。

2.协调剂

二甲基苄基原醇、α-戊基桂醇、橙花醇、橙花叔醇、香茅醇、玫瑰醇、二氢月桂烯醇、α-戊基桂醛、α-己基桂醛、α-紫罗兰酮、β-紫罗兰酮、甲基紫罗兰酮、乙酸肉桂酯、乙酸二甲基苄基原酯、苯乙酸苯乙酯、苯乙酸对甲酚酯、邻氨基苯甲酸甲酯、邻氨基苯甲酸乙酯、依兰依兰油、晚香玉净油、墨红净油、玳玳花油、茉莉浸膏、铃兰浸膏等。

3.变调剂

二甲基苯乙基原醇、丁香酚、对苯二酚二甲醚、甲基壬基乙醛、癸醛、十一醛、月桂醛、苯丙醛、兔耳草醛、β-萘乙酮、苯乙醛二甲缩醛、乙酸苄酯、乙酸苯乙酯、乙酸大茴香酯、乙酸香叶酯、辛炔羧酸甲酯、苯乙酸异丁酯、γ-辛内酯、γ-壬内酯、大茴香腈、吲哚、3-甲基吲哚、佳乐麝香、昆仑麝香、香柠檬油、檀香油等。

4.定香剂

香兰素、乙基香兰素、6-甲基四氢喹啉、吐鲁香树脂、苏合香香树脂、乳香香树脂等。

（二）金银花香精配方

配方1

苯乙醇	15	芳樟醇	4

羟基香茅醛	15	苯甲酸异丁酯	4
水杨酸戊酯	8	壬醛（10%）	4
α-紫罗兰酮	6	橙花素	1.5
香茅醇	5	茉莉净油	15
香柠檬油	5	苯乙酸对甲酚酯（25%）	2.5
橙叶油	1.5	香豆素	3
邻氨基苯甲酸甲酯	3	乙酸对甲酚酯	2.5
乙酸苯乙酯	3	苯乙酸甲酯	2

配方 2

肉桂醇	25	茉莉净油	3
芳樟醇	20	橙花油	2
羟基香茅醛	15	乙酸苄酯	2
乙酸桂酯	2	橙花醇	10
邻氨基苯甲酸甲酯	2	苯乙醇	6
十一醛	1	甲基萘基酮	2

十八、三叶草香精

三叶草为豆科、车轴草属多年生草本植物，又名车轴草、红车轴草、红花苜蓿、红撷草等。主要分布在欧洲、亚洲中北部，我国东北、华北、华东等地都有分布。三叶草的花有红色和白色，香气清甜醇厚，属于幽清偏清香韵。

三叶草叶呈三小叶，在英国，三叶草的三片叶子分别代表爱情、希望和信仰，如再有一片就代表幸运。所以四片叶子的三叶草有了幸运的象征。

（一）三叶草香精的组成

1.主香剂

芳樟醇、香叶醇、橙花醇、香茅醇、玫瑰醇、乙酸芳樟酯、苯甲酸丁酯、苯甲酸异丁酯、苯甲酸戊酯、苯乙酸异丁酯、水杨酸丁酯、水杨酸异丁酯、水杨酸戊酯、水杨酸异戊酯、薰衣草油、杂薰衣草油、穗薰衣草油、香柠檬油、白兰叶油、玫瑰木油等。

2.协调剂

苯乙醇、香兰素、乙基香兰素、香柠檬醛、α-松油醇、对甲氧基苯乙酮、α-紫罗兰酮、甲基紫罗兰酮、橙叶油、香叶油、玳玳叶油、香柠檬薄荷油等。

3.变调剂

叶醇、丁香酚、异丁香酚、辛醛、壬醛、苯乙醛、大茴香醛、α-戊基桂醛、羟基香茅醛、苯乙醛二甲缩醛、柑青醛、庚炔羧酸甲酯、辛炔羧酸甲酯、甲酸芳樟酯、甲酸香茅酯、乙酸苄酯、苯甲酸乙酯、γ-十一内酯、茉莉内酯、邻氨基苯甲酸芳樟酯、二氢茉莉酮酸甲酯、大茴香腈、依兰依兰油、玫瑰油、墨红净油、茉莉净油、檀香油、肉桂叶油、丁香油等。

4.定香剂

二苯甲酮、苯乙酸、水杨酸苄酯、水杨酸苯乙酯、安息香香树脂、吐鲁香树脂、岩蔷薇浸膏等。

（二）三叶草香精配方

配方 1

水杨酸异丁酯	40	依兰依兰油	7.2
水杨酸戊酯	25	安息香香树脂	4
乙酸芳樟酯	5	橡苔浸膏	3
α-松油醇	5	玫瑰油	3
香豆素	2	茉莉净油	2
香兰素	1.5	苯乙醛	0.2
甲基苯乙酮	2.5	羟基香茅醛	1
月桂醛	0.3		

配方 2

水杨酸戊酯	65	香豆素	2
香柠檬油	10	苯乙醛	1
玫瑰油	6	佳乐麝香	1
薰衣草油	5	十一醛	0.5
依兰依兰油	5	壬醛	0.3
茉莉净油	3	椰子醛	0.2
橙花油	1		

十九、山梅花香精

山梅花为山梅花科、山梅花属落叶灌木，我国大部分地区都有分布。春夏开花，花色洁白秀丽、香气清幽甜润。

山梅花香精配方

配方 1

α-松油醇	25	甲基苯乙醛	4
羟基香茅醛	20	邻氨基苯甲酸甲酯	3
苯乙醇	15	苯甲酸异丁酯	1
芳樟醇	15	香兰素	1
乙酸芳樟酯	10	癸醛（10%）	0.5
乙酸苄酯	5	吲哚（10%）	0.5

配方 2

芳樟醇	35	茉莉花	2
α-松油醇	25	金合欢油	1
橙花醇	5	含羞草油	1
苯乙醇	5	香兰素	2
羟基香茅醛	10	水杨酸戊酯	2
α-戊基桂醛	6	壬醛	1
吲哚（10%）	1		

二十、山楂花香精

山楂为蔷薇科、山楂属多年生落叶果树、乔木，又称山里红、红果。原产中国、朝鲜和俄罗斯西伯利亚。山楂树每年四五月开花，故山楂花有"五月花"之称，是美国的国花。山楂花的花色乳白，香气属于清韵花香。

（一）山楂花香精的组成

1.主香剂

大茴香醇、大茴香醛、苯乙酮、对甲基苯乙酮、对甲氧基苯乙酮、大茴香腈、甲酸大茴香酯、乙酸大茴香酯、香豆素、山楂花浸膏等。

2.协调剂

苯乙醇、芳樟醇、香茅醇、香叶醇、橙花醇、α-松油醇、对苯二酚二甲醚、苯乙醛、羟基香茅醛、香兰素、乙基香兰素、乙酸香叶酯、水杨酸异戊酯、紫丁香浸膏、紫丁香净油、小花茉莉净油、含羞花净油、玳玳花油、依兰依兰油等。

3.变调剂

壬醇、月桂醇、肉桂醇、二氢月桂烯醇、大茴香脑、苯甲醛、α-戊基桂醛、α-己基桂醛、α-紫罗兰酮、甲酸玫瑰酯、乙酸苄酯、乙酸芳樟酯、丁酸异戊酯、异戊酸异戊酯、邻氨基苯甲酸芳樟酯、二氢茉莉酮酸甲酯、水杨酸己酯、风信子素、香叶油、大茴香油、香荚兰浸膏等。

4.定香剂

二苯甲酮、安息香香树脂、苏合香香树脂、秘鲁香树脂等。

（二）山楂花香精配方

配方1

大茴香醛	40	苯乙醇	5
肉桂醇	9	芳樟醇	4
香茅醇	8	甲基苯乙酮	3
羟基香茅醛	8	香豆素	3
香叶醇	6	茴香醇	5
苯乙酮	1	α-松油醇	5
佳乐麝香	1		

配方2

大茴香醛	34	水杨酸戊酯	6
芳樟醇	10	香豆素	5
苯乙醛	3	苯乙酮	3
橙花净油	2	茉莉净油	5
鸢尾油	2	香荚兰酊	5
苏合香香树脂	10	依兰依兰油	3
香兰素	3		

二十一、水仙香精

水仙是我国十大名花之一，幽雅清香，冰肌玉质，有"凌波仙子"之雅称，因它在寒冬腊月里开放，给新春佳节增添喜庆气氛与盎然春意，因而备受人们喜爱。水仙全属约有30种，有许多变种、变交种，其品种则多达1万多个。中国福建的水仙花以种植历史悠久，品种优良而著称于世。在香料工业中应用的品种只有白水仙和黄水仙两种，两者香气同属幽韵，约有差异，白水仙香气清鲜，黄水仙香气浓重。

（一）水仙香精的组成

1.主香剂

芳樟醇、α-松油醇、橙花醇、苯乙醇、肉桂醇、苯乙醛、乙酸苄酯、乙酸对甲酚酯、异丁酸对甲酚酯、苯甲酸甲酯、苯甲酸乙酯、苯乙酸苯乙酯、肉桂酸甲酯、吲哚、水仙花浸膏、水仙花净油、依兰依兰油、树兰油、茉莉油、长寿花油等。

2.协调剂

癸醇、壬醇、月桂醇、苯甲醇、茴香醇、α-戊基桂醇、金合欢醇、橙花叔醇、香叶醇、α-戊基桂醛、羟基香茅醛、苯丙醛、2,6-壬二烯醛、苯乙醛二甲缩醛、α-戊基桂醛二苯乙缩醛、茉莉酮、二氢茉莉酮、赛茉莉酮、甲基紫罗兰酮、对甲酚醚、异丁香酚、乙酸苯乙酯、乙酸对甲酚酯、乙酸二甲基苄基原酯、庚炔羧酸甲酯、邻氨基苯酸甲酯、邻氨基苯酸松油酯、白兰叶油、苦橙油、橙花油、玫瑰油、晚香玉浸膏、大花茉莉浸膏等。

3.变调剂

叶醇、苯丙醇、二甲基苯乙基原醇、二甲基苄基原醇、辛醛、壬醛、苯甲醛、兔耳草醛、女贞醛、椰子醛、风信子素、甲基萘基甲酮、丁香酚、异丁香酚、茉莉内酯、乙酸芳樟酯、甲酸苯乙酯、丁酸苯乙酯、丁酸苄酯、乙酸苏合香酯、苯乙酸对甲酚酯、苯乙酸异丁酯、广藿香油、甜罗勒油、格蓬油、鸢尾油、丁香花蕾净油、海狸香等。

4.定香剂

苯乙酸香叶酯、苯甲酸苄酯、肉桂酸肉桂酯、肉桂酸苯乙酯、安息香香树脂、苏合香香树脂、灵猫浸膏等。

（二）水仙香精配方

白水仙香精配方

苯乙醇	10	肉桂酸苯乙酯	7
肉桂醇	10	α-松油醇	6
苯乙醛（50%）	10	苯丙醇	4
乙酸苄酯	8	羟基香茅醛	4

β-萘乙醚	7	赛茉莉酮	3.2
芳樟醇	3	丁香酚	1
α-戊基桂醛二苯乙缩醛	3	苯丙醛（10%）	1.5
甲基紫罗兰酮	2	吲哚（10%）	1
乙酸苯乙酯	2	兔耳草醛	1
大花茉莉浸膏	5	乙酸苏合香酯	0.5
依兰依兰油	3	苯乙酸对甲酚酯	0.8
树兰油	2	椰子醛	0.2
苦橙叶油	2	乙酸对甲酚酯	0.1
异丁香酚	2		

黄水仙香精配方

苯乙醇	15	茉莉净油	25
苯乙酸苯乙酯	10	长寿花油	17.5
芳樟醇	5	橙花油	5
香兰素	5	玫瑰油	5
茴香醛	2.5	广藿香油	2.5
鸢尾油	2.5	壬醛	0.7
壬醇	1.5	辛醛	0.3

二十二、桃花香精

桃花是蔷薇科桃属的多年生乔木植物桃树的花，原产我国，栽培历史悠久，现在各省区广泛栽培。此外，在法国、地中海、澳大利亚等温暖地带都有种植。桃花的名字来源于《诗经》中的"桃之夭夭，灼灼其华"，形容桃花绽放的姿态，鲜艳夺目。

桃花香精配方

配方1

桃醛	5	依兰依兰油	5
草莓醛（10%）	5	茴香油	4
兔耳草醛	3	橙叶油	3
柠檬醛	3	姜油	3
茴香醛	3	乙酸苯乙酯	3
肉桂酸苯乙酯	4	香兰素	3
肉桂酸苄酯	5	乙基香兰素	2
β-紫罗兰酮	5	栀子香基	13

β-萘乙醚	5	茉莉香基	20

配方 2

桃醛	8	橙叶油	5
椰子醛	4	甜橙油	3
兔耳草醛	5	姜油	2
肉桂醛	2	众香子油	2
β-紫罗兰酮	8	香兰素	3
肉桂酸苄酯	7	香豆素	2
肉桂酸苯乙酯	3	栀子香基	15
苯乙酸	4	茉莉香基	18
酮麝香	2	依兰依兰油	4

二十三、仙客来香精

仙客来为报春花科仙客来属多年生草本植物，别名兔耳草、兔耳花、萝卜海棠、一品冠。原产地中海一带，花色艳丽，花形奇特，世界各地广为栽培。仙客来有些品种有香气，属于鲜幽偏甜的香韵。

（一）仙客来香精的组成

1.主香剂

α-松油醇、芳樟醇、香叶醇、玫瑰醇、羟基香茅醛、兔耳草醛、α-紫罗兰酮、β-紫罗兰酮、甲基紫罗兰酮、异甲基紫罗兰酮、玫瑰木油、白兰叶油等。

2.协调剂

苄醇、苯乙醇、大茴香醇、肉桂醇、二甲基苄基原醇、二甲基苯乙基原醇、橙花醇、橙花叔醇、金合欢醇、异丁香酚、苯乙醛、鸢尾酮、甲酸香叶酯、乙酸苄酯、乙酸苯乙酯、乙酸大茴香酯、乙酸肉桂酯、二氢茉莉酮酸甲酯、橙叶油、金合欢净油、依兰依兰油、橙花油等。

3.变调剂

叶醇、癸醛、月桂醛、苯丙醛、香兰素、乙基香兰素、枯茗醛、月桂腈、香豆素、γ-十一内酯、香柠檬油、甜橙油等。

4.定香剂

二苯甲酮、安息香香树脂、苏合香香树脂、酮麝香等。

（二）仙客来香精配方

配方 1

羟基香茅醛	55	芳樟醇	10
α-松油醇	15	苯乙醇	5
壬醇	1	苯乙醛	1
茉莉净油	10	月桂醛	0.5
含羞草油	2	壬醛	0.5

配方 2

羟基香茅醛	35	香柠檬油	5
甲基紫罗兰酮	15	茉莉净油	3
肉桂醇	10	玫瑰净油	2
橙花醇	10	橡苔树脂	0.2
辛炔羧酸甲酯	0.1	α-松油醇	6
月桂醛	0.1	酮麝香	3
苯乙醛	0.1	兔耳草醛	0.5

二十四、香罗兰香精

香罗兰为十字花科桂竹香属多年生草本香料植物，亦称桂竹香、香紫罗兰。原产南欧，现各地普遍栽培。花瓣四枚，单瓣或重瓣，有橙黄、橘黄、褐黄、紫红等色，香气优美，属于幽清香韵。

（一）香罗兰香精的组成

1.主香剂

苄醇、大茴香醇、α-松油醇、芳樟醇、香叶醇、橙花醇、玫瑰醇、异丁香酚、对甲酚甲醚、大茴香醛、乙酰基异丁香酚、水杨酸异丁酯、水杨酸戊酯、水杨酸异戊酯、水杨酸己酯等。

2.协调剂

苯乙醇、肉桂醇、香茅醇、丁香酚、枯茗醛、羟基香茅醛、α-戊基桂醛、α-己基桂醛、乙酸苄酯、乙酸苯乙酯、乙酸对甲酚酯、乙酸香叶酯、苯乙酸苯乙酯、二氢茉莉酮酸甲酯、邻氨基苯甲酸甲酯、邻氨基苯甲酸乙酯、吲哚、3-甲基吲哚、香叶油、丁香油、玳玳叶油、橙花油、玫瑰油、依兰依兰油等。

3.变调剂

癸醛、十一醛、苯乙醛、香兰素、乙基香兰素、柠檬醛、香豆素、α-紫罗兰酮、β-紫罗兰酮、甲基紫罗兰酮、鸢尾酮、橙花酮、苯乙醛二甲缩醛、乙酸肉桂酯、乙酸愈创木酚酯、邻氨基苯甲酸芳樟酯、月桂叶油等。

4.定香剂

异丁香酚苄醚、β-萘乙酮、水杨酸苄酯、水杨酸苯乙酯、安息香香树脂、苏合香香树脂等。

（二）香罗兰香精配方

配方1

大茴香醛	20	金合欢净油	2.5
茉莉净油	2.4	羟基香茅醛	8
安息香香树脂	5	香叶醇	20
晚香玉净油	2	苄醇	10
玫瑰净油	0.3	芳樟醇	5
α-戊基桂醛	0.8	异丁香酚苄醚	5
α-紫罗兰酮	0.5	香茅醇	3.5
对甲酚甲醚	0.2	玫瑰醇	2.5
庚炔羧酸甲酯	0.2	苯乙醇	1
癸醛	0.1	邻氨基苯甲酸甲酯	1

配方2

香茅醇	28	α-紫罗兰酮	10
α-松油醇	10	茴香醛	6
鸢尾油	1	芳樟醇	5
异丁香酚	7	乙酸苄酯	5
香豆素	1	苄醇	4
α-戊基桂醛	0.5	金合欢净油	2
邻氨基苯甲酸甲酯	0.5	茉莉净油	2
苯乙醇	1		

二十五、香石竹香精

香石竹俗称康乃馨，品种繁多，花朵有白、粉红、红、黄、橘红等色。以白花和粉红花为主，均为清甜香韵。白花康乃馨香气青甜偏清，粉红康乃馨香气清甜并重。

（一）香石竹香精的组成

1.主香剂

肉桂醇、苯乙醇、芳樟醇、橙花醇、丁香酚、异丁香酚、异丁香酚甲醚、乙酸肉桂酯、丁香花蕾油、丁香罗勒油、玉桂叶油、玫瑰油、野蔷薇油、晚香玉浸膏、香石竹浸膏等。

2.协调剂

石竹烯、α-松油醇、玫瑰醇、香茅醇、香叶醇、苯丙醇、肉桂醛、羟基香茅醛、香兰素、乙基香兰素、紫罗兰酮、甲基紫罗兰酮、甲基己基甲酮、甲基壬基甲酮、甲酸苄酯、甲酸丁香酚酯、甲酸香叶酯、乙酸香叶酯、乙酸玫瑰酯、乙酸苄酯、苯甲酸乙酯、苯甲酸异丁酯、水杨酸甲酯、水杨酸戊酯、水杨酸异戊酯、水杨酸异丁酯、水杨酸苄酯、茉莉净油、依兰依兰油、白兰叶油、橙叶油、香叶油、树兰油、山萩油、玫瑰木油、檀香油、鸢尾油等。

3.变调剂

庚醇、二甲基苄基原醇、癸醛、苯丙醛、兔耳草醛、茴香醛、苯乙醛二甲缩醛、杨梅醛、甲基戊基甲酮、香豆素、对苯二酚二甲醚、苯乙酸、乙酸苯乙酯、乙酸苏合香酯、丙酸苯乙酯、丙酸玫瑰酯、丁酸玫瑰酯、肉桂酸甲酯、肉桂酸苯乙酯、苯甲酸甲酯、苯乙酸异丁酯、苯乙酸异戊酯、水杨酸苯乙酯、月桂叶油、广藿香油、香紫苏油、龙蒿油、姜油、胡椒油、肉豆蔻油、肉豆蔻衣油、小豆蔻油、苍术硬脂等。

4.定香剂

乙酰基异丁香酚、异丁香酚苄醚、苯甲酸苄酯、肉桂酸肉桂酯、酮麝香、灵猫香膏、岩蔷薇浸膏、各种香树脂等。

（二）香石竹香精配方

白花香石竹香精配方

香石竹香基	40	白兰叶油	5
苯乙醇	8	玫瑰油	2
水杨酸苄酯	6	小花茉莉净油	2
异丁香酚苄醚	4.5	树兰油	1

乙酸苄酯	4	依兰依兰油	1
乙酸桂酯	4	山萩油	0.5
乙酸苯乙酯	3	玉桂叶油	0.5
异丁香酚甲醚	2	月桂叶油	0.2
乙酰基异丁香酚	2	鸢尾油	0.1
苯乙醛二甲缩醛	2	茴香醛	0.4
桂酸苯乙酯	2	香兰素	0.3
水杨酸异丁酯	2	玫瑰醇	1
羟基香茅醛	1	二甲基苄基原醇	1.5
水杨酸异戊酯	1	甲基紫罗兰酮	1
乙酸苏合香酯	0.5		

红花香石竹香精配方

香石竹香基	20	橙叶油	6
异丁香酚	25	玫瑰油	5
苯乙醇	10	玫瑰木油	4
玫瑰醇	10	香叶油	1
甲基紫罗兰酮	8	酮麝香	1
香兰素	4	佳乐麝香	0.5
香豆素	2.5	水杨酸戊酯	0.5
苯甲酸苄酯	2	羟基香茅醛	0.5

二十六、依兰依兰香精

依兰依兰为番荔枝科高大常绿乔木，别名依兰香、香水树。原产东南亚的缅甸、印度尼西亚、马来西亚、菲律宾等地，现广泛分布于世界各热带地区，我国云南、广东、广西、福建、四川、台湾等地有栽培。依兰依兰花形似鹰爪，香气独特、浓郁、持久，属于鲜韵并带甜韵，素有香花之王、天然的香水树的美称。

（一）依兰依兰香精的组成

1.主香剂

苯乙醇、芳樟醇、香叶醇、对甲酚、丁香酚、异丁香酚、对甲酚甲醚、乙酸苄酯、苯甲酸甲酯、依兰依兰油、依兰依兰浸膏、依兰依兰净油等。

2.协调剂

苄醇、α-松油醇、橙花醇、橙花叔醇、香茅醇、二氢月桂烯醇、α-紫罗兰酮、β-紫罗兰酮、甲基紫罗兰酮、乙酸对甲酚酯、苯甲酸乙酯、苯甲酸对甲酚酯、邻氨基苯甲酸甲酯、水杨酸甲酯、水杨酸乙酯、冬青油、白兰叶油、白兰净油、丁香油、树兰油、大花茉莉净油、假鹰爪花油、假鹰爪花浸膏、假鹰爪花净油等。

3.变调剂

石竹烯、己醇、大茴香醇、金合欢醇、柏木醇、对苯二酚二甲醚、苯甲醛、大茴香醛、羟基香茅醛、α-戊基桂醛、α-己基桂醛、苯乙酮、二氢茉莉酮、甲酸苄酯、甲酸苯乙酯、甲酸香叶酯、乙酸乙酯、乙酸丁酯、乙酸芳樟酯、乙酸柏木酯、乙酸香叶酯、丙酸苄酯、丙酸苯乙酯、丁酸苯乙酯、二氢茉莉酮酸甲酯、γ-壬内酯、吲哚、3-甲基吲哚、紫罗兰叶净油等。

4.定香剂

异丁香酚甲醚、异丁香酚苄醚、苯甲酸苄酯、水杨酸苄酯、灵猫香膏等。

（二）依兰依兰香精配方

配方 1

芳樟醇	25	依兰依兰油	12.5
乙酸苄酯	15	橙花油	3
苯乙醇	10	茉莉油	1
苄醇	7	对甲酚甲醚	3.5
香叶醇	5	水杨酸甲酯	2
丁香酚	5	邻氨基苯甲酸甲酯	0.5
异丁香酚	5	癸醛	0.5
乙酸芳樟酯	5		

配方 2

苄醇	16	白兰叶油	10
乙酸苄酯	15	茉莉浸膏	3
苯甲酸苄酯	10	白兰浸膏	2
香茅醇	10	树兰油	2
α-紫罗兰酮	5	小茴香油	2
乙酸芳樟酯	4	芫荽籽油	0.5
丙酸苄酯	3	冬青油	0.5
α-戊基桂醛二苯乙缩醛	3	苯甲酸甲酯	1.5
苯乙醇	2.5	对甲酚甲醚	1

α-戊基桂醛曳馥基	2	乙酸对甲酚酯	1
羟基香茅醛	2	甲酸苄酯	2
异丁香酚	2		

二十七、银白金合欢香精

银白金合欢是原产澳大利亚的一种豆科金合欢属乔木，别名含羞花、下延相思树、鱼骨松，花黄色，香气与金合欢类似，属于幽清香韵，兼有甜、鲜、清三韵。

银白金合欢香精我国调香界过去习惯上称为含羞花香精。

（一）银白金合欢香精的组成

1.主香剂

苯乙醇、金合欢醇、大茴香醇、α-松油醇、芳樟醇、香叶醇、橙花醇、大茴香醛、羟基香茅醛、α-紫罗兰酮、β-紫罗兰酮、α-甲基紫罗兰酮、β-甲基紫罗兰酮、乙酸大茴香酯、辛炔羧酸甲酯、水杨酸异丁酯、大茴香腈、银白金合欢浸膏、银白金合欢净油、依兰依兰油等。

2.协调剂

癸醇、苄醇、二甲基苄基原醇、肉桂醇、玫瑰醇、四氢香叶醇、丁香酚、异丁香酚、α-戊基桂醛、α-己基桂醛、二氢茉莉酮、乙酸苄酯、乙酸芳樟酯、水杨酸甲酯、水杨酸乙酯、水杨酸异戊酯、邻氨基苯甲酸甲酯、邻氨基苯甲酸乙酯等。

3.变调剂

苯丙醇、辛醛、癸醛、苯甲醛、苯丙醛、柑青醛、甲酸辛酯、甲酸芳樟酯、甜橙油等。

4.定香剂

二苯甲酮、β-萘乙酮、肉豆蔻酸异丙酯、香豆素等。

（二）银白金合欢香精配方

配方 1

α-松油醇	18	含羞花油	13
羟基香茅醛	12	依兰依兰油	4.5

肉桂醇	7.5	香柠檬油	3
对甲基苯乙酮	7	秘鲁香树脂	2.5
乙酸苄酯	6	金合欢净油	1
鸢尾油	1	α-紫罗兰酮	3
茉莉净油	0.5	酮麝香	3
丁酸玫瑰酯	1.5	茴香醛	3
α-戊基桂醛	1	香叶醇	3
苯乙醛	1	玫瑰醇	3
邻氨基苯甲酸甲酯	0.5		

配方 2

α-松油醇	15	灵猫香酊（3%）	3
羟基香茅醛	10	2,4-二甲基苯乙酮	1
茴香醛	5	对甲基苯乙酮	1
α-紫罗兰酮	5	辛炔羧酸甲酯	0.8
含羞花油	25	乙酸苄酯	3
香柠檬油	10	依兰依兰油	5
鸢尾油	2	金合欢净油	5
茉莉净油	1	水仙净油	2
玫瑰油	1	橙花油	2
兔耳草醛	0.2		

配方 3

芳樟醇	30	含羞花净油	20
α-松油醇	13	鸢尾油	8
甲基苯乙酮	10	橙花油	5
大茴香醛	5	长寿花油	2
异丁香酚	1.5	依兰依兰油	2
壬醛	1	苯乙醛	0.5
壬醇	1	月桂醛	0.5
酮麝香	0.5		

配方 4

α-松油醇	40	含羞花净油	13
芳樟醇	25	依兰依兰油	2
甲基苯乙酮	8	鸢尾油	2
大茴香醛	2	橙叶油	1

异丁香酚	2	树兰油	1
α-戊基桂醛	1.5	乙酸苄酯	1
酮麝香	0.5	香兰素	1

二十八、紫藤花香精

紫藤属于豆科紫藤属，我国自古即栽培作庭园棚架植物，先叶开花，花紫色或深紫色，紫穗满垂缀以稀疏嫩叶，十分优美。紫藤花香气较淡，微甜，清新淡雅。

紫藤花香精配方

配方 1

羟基香茅醛	30	玫瑰醇	10
α-松油醇	15	鸢尾酮	10
芳樟醇	10	苯乙醇	5
香豆素	5	香兰素	4
茉莉油	5	异丁香酚	1
橙花油	2	苯乙醛	0.5
长寿花油	2	辛醛	0.5

配方 2

羟基香茅醛	20	茉莉油	4
茴香醛	10	橙花油	4
芳樟醇	10	长寿花油	2
α-松油醇	10	鸢尾酮	5
苯乙醇	10	玫瑰醇	6
香兰素	4	丁香酚	5
香豆素	2	酮麝香	3

二十九、香豌豆香精

香豌豆别名花豌豆、麝香豌豆，具有浓郁、强烈的香味。香豌豆是著名的观赏植物，原产于意大利西西里岛，在我国各地均有栽培。

香豌豆香精配方

芳樟醇	20	橙叶油	10
羟基香茅醛	15	依兰依兰油	10
苯乙醛	10	金雀花油	2

邻氨基苯甲酸甲酯	8	橙花油	5
乙酸苄酯	7	庚炔羧酸甲酯	1
β-萘乙酮	5	癸醛（10％）	0.5
苯乙酸异丁酯	4	甲基壬基乙醛（10％）	0.4
α-戊基桂醛	2	桃醛（10％）	0.1

第二节　非花香型日用香精

日用香精调香中一般将非花香划分为十二个香韵，即青滋香、草香、木香、蜜甜香、脂蜡香、膏香、琥珀香、动物香、辛香、豆香、果香和酒香。非花香型日用香精中往往由一种或一种以上的非花香香韵和一种或一种以上的花香香韵所组成，只是非花香香韵处于主导地位。

非花香型日用香精可以分为模仿型和创香型两大类。模仿型非花香日用香精是仿照某一种天然香料香气调配而成，例如麝香、龙涎香、檀香、藿香、鸢尾、香叶、薄荷、柠檬等。创香型非花香日用香精是调香师创拟的作品，创拟出的香型既要适应加香产品的特点，又要被消费者喜爱，因此难度更大一些，这类香型包括馥奇型、素心兰型、东方型、古龙型、龙涎-琥珀型、麝香-玫瑰型，以及花香、果香、木质、美食等香型。

一、馥奇香精

1882 年法国一家香水公司首先生产出一种名为"皇家馥奇"（Fougère Royale）的香水，从此，创拟出馥奇香型。馥奇属于重香型，经典的馥奇香型以青滋香-豆香-苔青为主，辅以动物香、木香、花香和果香，属于复体香韵。在头香中突出清花香如薰衣草的香气，基体香重用豆香。其衍变方中也常见果香、草香、木香、花香、辛香等的使用。

（一）馥奇香精的组成

1.主香剂

薰衣草油、杂薰衣草油、穗薰衣草油、香柠檬油、香薇浸膏、黑香豆浸膏、橡苔浸膏、橡苔净油、树苔浸膏、树苔净油、香豆素等。

2.协调剂

柏木烯、叶醇、芳樟醇、岩兰草醇、茴香醛、香兰素、乙酸芳樟酯、乙酸松油酯、乙酸龙脑酯、乙酸柏木酯、香叶油、橙叶油、广藿香油、岩兰草油、香紫苏油、玫瑰草油、玫瑰木油、檀香油、松针油、香荚兰浸膏、岩蔷薇浸膏等。

3.修饰剂

壬醇、苯乙醇、肉桂醇、香叶醇、玫瑰醇、α-松油醇、薄荷脑、甲基壬基乙醛、十一醛、大茴香醛、柠檬醛、香茅醛、羟基香茅醛、肉桂醛、苯乙酮、对甲基苯乙酮、α-紫罗兰酮、β-紫罗兰酮、α-异甲基紫罗兰酮、山楂花酮、丁香酚、异丁香酚、对苯二酚二甲醚、乙酸苄酯、乙酸香叶酯、异丁酸松油酯、苯甲酸乙酯、苯甲酸异丁酯、水杨酸甲酯、水杨酸异丁酯、水杨酸戊酯、水杨酸异戊酯、水杨酸苄酯、邻氨基苯甲酸甲酯、迷迭香油、龙蒿油、鸢尾油、芹菜籽油、肉豆蔻油、鼠尾草油、圆叶当归根油、甜橙油、香柠檬油、柠檬油、茴香油、百里香油、紫罗兰叶浸膏等。

4.定香剂

酮麝香、佳乐麝香、环十五内酯、龙涎香醚、安息香香树脂、苏合香香树脂、秘鲁香树脂、吐鲁香树脂、麝香酊、灵猫香酊等。

5.花香香料

玫瑰油、茉莉净油、卡南加油、依兰依兰油、树兰油、橙花油、晚香玉净油、黄水仙净油、金合欢净油等。

（二）馥奇香精配方

配方1

薰衣草油	10	香叶油	7
香柠檬油	6	水杨酸苄酯	7
柠檬油	5	邻氨基苯甲酸甲酯	6
檀香油	5	广藿香油	5
佳乐麝香	10	岩兰草油	3
香豆素	4	橙叶油	2
丁香酚	3	橡苔净油	1.5
柠檬醛	2	肉豆蔻油	0.5

大茴香醛	2	龙蒿油	0.5
香兰素	1	芹菜籽油	0.5
玫瑰香基	2	水杨酸戊酯	7

配方 2

薰衣草油	10	乙酸香叶酯	10
香柠檬油	20	异丁酸松油酯	7
橡苔树脂	5	乙酸龙脑酯	3
安息香香树脂	8	芳樟醇	10
广藿香油	2	香豆素	20
酮麝香	5		

二、素心兰香精

素心兰是音译，现在也称西普。素心兰名称起源于塞浦路斯岛，作为经典香型之一，深受人们的喜爱。1917 年科蒂（Coty）推出的一款名为西普的香水（Le Chypre），成为传统的素心兰香型。

素心兰属于重香型。其体香是由青滋香-木香-果香-琥珀香-动物香-花香等香韵调配组合而成，其中，青滋香以苔青为主，果香以柑橘为主，琥珀香以劳丹酯为主，木香以广藿香为主，动物香与花香可为不同类型的组合。现代素心兰则在传统格局的基础上，进行花香、果香、木质、青香、醛香等的衍变。在各种类型的素心兰香精中，主香剂和定香剂基本相同，所用的协调剂和变调剂有区别。

（一）素心兰香精的组成

1.主香剂

檀香醇、岩兰草醇、乙酸岩兰草酯、檀香油、广藿香油、岩兰草油、岩蔷薇净油、橡苔净油、树苔浸膏等。

2.协调剂

二甲基苄基原醇、苯乙醇、大茴香醇、玫瑰醇、芳樟醇、金合欢醇、香柠檬醛、α-紫罗兰酮、β-紫罗兰酮、α-甲基紫罗兰酮、环十五酮、灵猫酮、酮麝香、乙酰基柏木烯、香豆素、乙酸芳樟酯、乙酸檀香酯、乙酸三环癸烯酯、苯乙酸丁酯、二氢茉莉酮酸甲酯、异茉莉酮酸甲酯、香紫苏油、薰衣草油、杂薰衣草油、菖蒲油、龙蒿油、扁柏油、圆叶当归籽油、鸢尾浸膏、香荚兰浸膏、黑香豆浸膏等。

3.变调剂

肉桂醇、大茴香醇、香叶醇、辛醛、癸醛、甲基壬基乙醛、月桂醛、榄青醛、香兰素、橙花酮、山楂花酮、丁香酚、异丁香酚、对苯二酚二甲醚、甲酸芳樟酯、乙酸异戊酯、乙酸辛酯、乙酸龙脑酯、乙酸香茅酯、乙酸苄酯、乙酸肉桂酯、丁酸苄酯、壬酸苯乙酯、苯甲酸丁酯、水杨酸甲酯、水杨酸异丁酯、水杨酸异戊酯、水杨酸苄酯、庚炔羧酸甲酯、辛炔羧酸甲酯、茴香脑、异黄樟油素、小豆蔻油、肉豆蔻油、香柠檬油、白柠檬油、甜橙油、苦橙油、苦橙叶油、玳玳叶油、白兰叶油、香叶油、八角茴香油、小茴香油、众香籽油、杜松籽油、芫荽籽油、香附籽油、甜罗勒油、甘松油、缬草油、格蓬油、百里香油、卡南加油、紫罗兰叶油、没药浸膏等。

4.定香剂

香紫苏醇、乙酸柏木酯、酮麝香、灵猫香、海狸香、枫香浸膏、苍术硬脂、安息香香树脂、苏合香香树脂等。

5.花香香料

茉莉净油、墨红净油、金合欢净油、晚香玉净油、栀子花净油、依兰依兰油、树兰油、橙花油等。

（二）素心兰香精配方

配方1

香柠檬油	22	依兰依兰油	7
橡苔净油	5	玫瑰醇	8
肉桂醇	5	岩兰草油	7.5
酮麝香	5	水杨酸苄酯	7
乙酸苄酯	5	香豆素	7
异丁香酚	3.5	檀香油	7
广藿香油	10		

配方2

香柠檬油	21	岩兰草油	6
依兰依兰油	10	橡苔净油	6
香豆素	9	杂薰衣草净油	5
檀香油	5	乙酸肉桂酯	2.5

安息香香树脂	5	甲基紫罗兰酮	5
佳乐麝香	2	异丁香酚	3.5
香兰素	2	酮麝香	3
广藿香油	2	香紫苏油	3
鸢尾浸膏	1.5	岩蔷薇净油	2.5
茉莉净油	1	龙蒿油	2.5
当归籽油	0.5		

三、东方香型香精

东方香型香精是经典幻想型非花香型之一，是以木香和膏香为主，配以蜜甜香和动物香。东方香型大多闻起来浓郁、温暖，具有香气协调、香势浓强、香气持久、稳定性好等特点。最著名的经典香水是一千零一夜（Shalimar），突出了香草的气味。

（一）东方香型香精的组成

1.主香剂

檀香醇、岩兰草醇、α-紫罗兰酮、α-甲基紫罗兰酮、α-异甲基紫罗兰酮、甲基柏木醚、龙涎香醚、降龙涎香醚、乙酸檀香酯、乙酸岩兰草酯、苯乙酸檀香酯、檀香油、柏木油、岩兰草油、广藿香油、岩蔷薇浸膏、秘鲁香树脂、安息香香树脂。

2.协调剂

肉桂醇、柏木醇、香茅醇、香叶醇、芳樟醇、金合欢醇、丁香酚、异丁香酚、异丁香酚甲醚、异丁香酚苄醚、甲基柏木醚、乙酰基柏木醚、β-萘乙醚、苯丙醛、羟基香茅醛、香柠檬醛、香豆素、香兰素、乙基香兰素、二苯甲酮、橙花酮、β-萘乙酮、乙酰基异丁香酚、乙酸肉桂酯、戊酸香叶酯、异戊酸香叶酯、肉桂酸甲酯、肉桂酸乙酯、肉桂酸异丁酯、酮麝香、丁香油、鸢尾油、香紫苏油、甘松油、桂叶油、苦橙叶油、玳玳叶油、香柠檬油、苍术油、树苔净油、橡苔浸膏、香荚兰浸膏、吐鲁香树脂、苏合香香树脂、乳香香树脂等。

3.变调剂

庚醇、癸醇、月桂醇、苯乙醇、壬醛、癸醛、甲基壬基乙醛、榄青醛、柑青醛、茴香醛、α-戊基桂醛、α-己基桂醛、α-辛基桂醛、α-壬基桂醛、苯乙醛二甲缩醛、苯乙酸、甲酸香茅酯、乙酸异戊酯、乙酸壬酯、乙酸香叶酯、乙酸芳樟酯、乙酸苯乙酯、丙酸苯乙酯、丙酸玫瑰酯、丁酸玫瑰酯、丁酸苯乙酯、异戊酸苯乙酯、己酸烯丙酯、庚炔羧酸甲酯、苯甲酸异丁酯、苯甲酸苄酯、苯乙酸丁酯、苯乙酸对甲酚酯、苯乙酸香叶酯、邻氨基苯甲酸甲酯、水杨酸异戊酯、二氢茉莉酮酸甲酯、茉莉酯、杨梅醛、十二腈、薰衣草油、甜橙油、柠檬油、格蓬油、冬青油、松针油、香根油、迷迭香油、白兰叶油、香叶油、罗勒油、愈创木油、姜油等。

4.定香剂

灵猫香酊、麝香酊、鸢尾浸膏、黑香豆浸膏、乙酸柏木酯、苯乙酸苯乙酯、肉桂酸苯乙酯、肉桂酸苄酯、肉桂酸肉桂酯、水杨酸苯乙酯、肉桂酸、6-甲基四氢喹啉、异丁基喹啉等。

5.花香香料

玫瑰油、玫瑰净油、树兰油、依兰依兰油、白兰浸膏、桂花浸膏、金合欢浸膏、墨红浸膏、晚香玉净油、栀子花净油、香石竹净油、风信子净油、茉莉净油等。

（二）东方香型香精配方

配方1

甲基紫罗兰酮	20	香石竹香基	10
芳樟醇	5	茉莉香基	5
丁香酚	5	红没药香基	5
橙花香基	3	乙酸芳樟酯	3
香柠檬油	8	香豆素	2
柠檬油	3	β-萘乙酮	1
依兰依兰油	3	玫瑰醇	1.5
香根油	3	玫瑰净油	1.5
安息香香树脂	3	茉莉净油	1.5
香荚兰浸膏	3	鸢尾浸膏	1.5
苏合香油	2	玫瑰油	0.5
檀香油	2	愈创木酚	0.5
广藿香油	1	乳香香树脂	0.5
橡苔净油	0.5	吐鲁香树脂	0.5
黑香豆浸膏	0.5		

配方 2

甲基紫罗兰酮	8	玫瑰油香基	12
α-紫罗兰酮	4	茉莉油香基	8
香柠檬油	6	酮麝香	5
苍术油	3	龙涎香醚	9
依兰依兰油	4	檀香醇	3
橙叶油	2	丁香酚	4
广藿香油	2	异丁香酚	6
岩兰草油	2	β-萘乙醚	3
秘鲁香树脂	2	香兰素	1.5
灵猫香酊（3%）	4	庚炔羧酸甲酯	2.5
姜油	1.5	香豆素	2
甲基壬基乙醛	1	月桂醇	0.5

四、古龙香精

古龙亦称科隆（Koln），由法文和德文翻译而来。古龙香精主要用于男用香水中，至今已有几个世纪的历史，是深受人们喜爱的经典香型之一。人们常说的"古龙水"有两种涵义：一是指古龙香型，一是指含香精较低（约 2%～5%）的各种香型香水。

古龙香型是以果香（柑橘）及鲜韵（橙花）为主，主要突出柑橘类果香，具有新鲜令人愉快的青清气息。目前衍变的古龙香型仍以柑橘和橙花为主，此外，还增用了辛香、琥珀香、动物香以及其他花香等。

（一）古龙香精的组成

1.主香剂

柠檬油、香柠檬油、白柠檬油、甜橙油、苦橙油、橘子油、柚子油、苦橙花油、玳玳花油、橙叶油、柚叶油、玳玳叶油、乙酸芳樟酯等。

2.协调剂

苯乙醇、橙花醇、芳樟醇、月桂烯醇、二氢月桂烯醇、柠檬醛、柑青醛、橙花酮、β-萘乙酮、柠檬腈、香茅腈、甲酸香茅酯、乙酸香叶酯、乙酸松油酯、邻氨基苯甲酸甲酯、迷迭香油、薰衣草油、杂薰衣草油、防臭木油、蜂花油、香紫苏油、山苍子油、柠檬草油、玫瑰木油、百里香油、白兰叶油、芳樟叶油、岩蔷薇浸膏等。

3.变调剂

癸醇、薄荷醇、香叶醇、玫瑰醇、橙花叔醇、辛醛、癸醛、月桂醛、甲基壬基乙醛、肉桂醛、α-戊基桂醛、α-己基桂醛、苯乙醛、香茅醛、羟基香茅醛、兔耳草醛、α-紫罗兰酮、β-紫罗兰酮、甲基紫罗兰酮、龙脑、丁香酚、异丁香酚、β-萘甲醚、β-萘乙醚、龙涎香醚、甲酸香叶酯、甲酸芳樟酯、乙酸乙酯、乙酸辛酯、乙酸苄酯、乙酸香茅酯、乙酸龙脑酯、丙酸乙酯、丙酸芳樟酯、己酸烯丙酯、庚酸乙酯、二氢茉莉酮酸甲酯、香豆素、橙花素、风信子素、酮麝香、香叶油、檀香油、丁香油、菖蒲油、肉豆蔻油、小豆蔻油、芫荽籽油、芹菜籽油、八角茴香油、小茴香油、肉桂油、罗勒油、薄荷油、龙蒿油、广藿香油、岩兰草油、康酿克油、橡苔净油、树苔净油等。

4.定香剂

天然动物香、安息香香树脂、苏合香香树脂、肉桂酸苄酯、鸢尾浸膏、合成麝香等。

5.花香香料

玫瑰油、依兰依兰油、树兰油、茉莉浸膏、香石竹净油、含羞花净油、金合欢净油等。

（二）古龙香精配方

配方 1

香柠檬油	33	薰衣草油	6
柠檬油	18	迷迭香油	5
甜橙油	25	香紫苏油	0.5
苦橙叶油	8	安息香香树脂	1.5
橙花油	3		

配方 2

玳玳叶油	25	苯乙醇	5
玳玳花油	10	酮麝香	3
香柠檬油	10	乙酸乙酯	1.5
甜橙油	8	柠檬醛	1
香叶油	6	甲基紫罗兰酮	1
柠檬油	5	香豆素	1

茉莉浸膏	4	薄荷油	1.5
薰衣草油	3	檀香油	1
百里香油	3	香紫苏油	1
安息香香树脂	3	岩兰草油	1
苏合香香树脂	3	岩蔷薇浸膏	1
丁香油	2		

五、琥珀香香精

琥珀是 4000 万至 6000 万年前的松脂化石，如同玉是中国宝石文化的代表一样，琥珀是欧洲宝石文化的代表。而香水里的琥珀是一种传统气味。"琥珀"的概念诞生于 19 世纪晚期，随着香兰素的发明，它是一种复合香气，由多种不同来源树脂的香气组合而成，是香草、劳丹酯等的结合，呈现一种温暖、辛甜以及木质感的香气。

（一）琥珀香香精的组成

1.主香剂

甲基柏木醚、琥珀醚、麝香酮、环十五酮、环十六酮、苯甲酸丁酯、苯甲酸异丁酯、肉桂酸异丁酯、水杨酸苄酯、麝葵子内酯、香紫苏浸膏、香紫苏净油、圆叶当归籽油、圆叶当归根油、麝葵子油、防风根香树脂、岩蔷薇浸膏、岩蔷薇净油等。

2.协调剂

龙涎香醚、降龙涎香醚、甲基壬基乙醛、γ-二氢紫罗兰酮、酮麝香、佳乐麝香、麝香 105、麝香 T、橡苔浸膏、橡苔净油、檀香油、岩兰草油、龙涎香酊、麝香酊等。

3.变调剂

对苯二酚二甲醚、兔耳草醛、香兰素、乙基香兰素、香豆素、α-紫罗兰酮、β-紫罗兰酮、α-甲基紫罗兰酮、β-甲基紫罗兰酮、苯乙酸对甲酚酯、香荚兰浸膏、海狸香、安息香香树脂、苏合香香树脂、秘鲁香树脂、吐鲁香树脂等。

4.定香剂

苯甲酸、肉桂酸、香紫苏醇、6-甲基四氢喹啉等。

（二）琥珀香香精配方

配方 1

香柠檬油	15	甜橙油	5
香荚兰酊	12	柏木油	5
秘鲁香树脂	10	岩蔷薇浸膏	5
吐鲁香树脂	8	岩兰草油	3
香豆素	8	苏合香香树脂	3
檀香油	7	广藿香油	2
安息香香树脂	7	香紫苏油	1
佳乐麝香	5	玫瑰醇	4

配方 2

龙涎香酊（3%）	25	α-紫罗兰酮	5
麝香酊（3%）	5	苯甲酸苄酯	20
香豆素	5	苯乙酸异丁酯	5
酮麝香	5	羟基香茅醛	5
玫瑰油	5	檀香油	4
乳香香树脂	2	香根油	3
月桂醛	2	安息香香树脂	3
癸醛	1		

六、龙涎香香精

龙涎香是抹香鲸肠胃内的病态分泌物，类似结石，是极其珍贵的动物香料，具有清灵温雅的动物香韵，是高档香水香精最好的定香剂。

（一）龙涎香香精的组成

1.主香剂

香紫苏醇、甲基柏木醚、龙涎香醚、降龙涎香醚、麝香酮、环十五酮、环十六酮、苯甲酸丁酯、麝葵子内酯、香紫苏浸膏、香紫苏净油、麝葵子油、防风根香树脂、岩蔷薇浸膏、岩蔷薇净油、龙涎香酊、麝香酊等。

2.协调剂

琥珀醚、甲基壬基乙醛、γ-二氢紫罗兰酮、酮麝香、佳乐麝香、麝香 105、麝香 T、橡苔浸膏、橡苔净油、檀香油、岩兰草油、广藿香油、圆叶当归根油、麝葵子油等。

3.变调剂

对苯二酚二甲醚、兔耳草醛、香兰素、乙基香兰素、香豆素、α-紫罗兰酮、β-紫罗兰酮、α-甲基紫罗兰酮、β-甲基紫罗兰酮、苯乙酸对甲酚酯、香荚兰浸膏、灵猫香、海狸香、安息香香树脂、苏合香香树脂、秘鲁香树脂、吐鲁香树脂等。

4.定香剂

苯甲酸、肉桂酸、香紫苏醇、6-甲基四氢喹啉等。

（二）龙涎香香精配方

配方1

岩蔷薇浸膏	25	乳香香树脂	5
香兰素	25	橡苔浸膏	3
酮麝香	20	玫瑰油	2
安息香香树脂	8	香紫苏油	1
吐鲁香树脂	7	广藿香油	1
茉莉净油	1	灵猫香酊	1

配方2

岩蔷薇浸膏	40	甲基紫罗兰酮	2
香根浸膏	15	苯乙醇	2
佳乐麝香	10	肉桂酸乙酯	2
酮麝香	6	香叶油	1
树兰油	1	香兰素	5
茉莉油	1	橡苔浸膏	3
香豆素	1	海狸香酊（3%）	3
兔耳草醛	0.5	甲基壬基乙醛（10%）	0.25
对苯二酚二甲醚	0.5	二苯醚	0.25
灵猫香酊（3%）	0.5	乙酸柏木酯	2

七、麝香香精

麝香为鹿科麝属动物麝鹿成熟雄体香囊中的干燥分泌物，又称寸香、脐香、当门子。麝鹿现在全世界共有五种，即原麝、马麝、林麝、喜马拉雅麝和黑麝，在中国都有分布。中国是世界上拥有麝鹿资源最多的国家，麝鹿的分布区 70%～80%都在中国。

麝香是中国的著名特产之一，主产于西藏、云南、四川和内蒙古，陕西、甘肃、青海、新疆和东北等省也产。麝鹿人工饲养繁殖现已获得成功。

麝香作为一种名贵的中药材和高级香料，在我国已经有 2000 多年的历史。麝香的香味浓郁，留香持久，属于柔和的动物香韵，对人的心理和生理系统有极其显著的影响，在香料工业和医药工业中都有十分重要的价值。

麝香的市场价格十分昂贵，国际市场 1850 年麝香价格约为黄金的 1/4，1950 年麝香的价格已与黄金等同。由于麝香一直是一种稀缺的资源，供不应求，因此在调香上使用合成麝香和麝香香精是很必要的。

（一）麝香香精的组成

1.主香剂

麝香酮、环十五酮、环十六酮、环十五内酯、麝香 105、昆仑麝香、萨利麝香、佳乐麝香、吐纳麝香、酮麝香、麝香酊、灵猫香酊、海狸香酊、麝香鼠香酊等。

2.协调剂

柏木醇、麝葵子内酯、当归内酯、麝葵子油、岩蔷薇浸膏、圆叶当归根油、香紫苏油、黑香豆浸膏等。

3.变调剂

肉桂醇、玫瑰醇、异丁香酚、异丁香酚苄醚、紫罗兰酮、β-异甲基紫罗兰酮、灵猫酮、乙酸柏木酯、苯甲酸异丁酯、苯乙酸丁酯、苯乙酸异丁酯、肉桂酸异丁酯、水杨酸苄酯、香豆素、丁香油、香叶油、岩兰草油、广藿香油等。

4.定香剂

苯甲酸苄酯、苯乙酸檀香酯、吐鲁香树脂、秘鲁香树脂、苏合香香树脂等。

（二）麝香香精配方

配方 1

麝香 105	15	水杨酸苄酯	10
十五内酯	15	水杨酸异丁酯	5

酮麝香	10	香豆素	5
环十五酮	5	异丁香酚苄醚	3
萨利麝香	3	肉桂醇	2
麝香 T	2	愈创木油	8
α-紫罗兰酮	1	岩兰草油	5
甲基紫罗兰酮	1	檀香油	5
灵猫香酊（3%）	2	树兰油	2

配方 2

麝香 T	20	香柠檬油	10
佳乐麝香	15	柏木油	5
酮麝香	5	桂皮油	4
麝香酊（3%）	5	丁香油	3
灵猫香酊（3%）	5	香叶油	2
甲基紫罗兰酮	10	香紫苏油	2
α-松油醇	5	岩蔷薇浸膏	2
苯甲酸苄酯	5	枫香香树脂	2

八、木香香精

　　木香是总称，涵盖了不同种类，香味多来自树木，给人沉稳、温暖、镇静等感受。常见的木香包括柏木、檀香、雪松、沉香、愈创木、广藿香（灌木）和香根草（草类）。松木香是木香的重要类别之一，具有淡淡的青香和松香气息，往往给人硬朗、坚韧之感。

　　木香香精配方

　　配方 1

乙酸芳樟酯	27	香兰素	4
香柠檬油	12	α-紫罗兰酮	4
玫瑰油	12	香豆素	5
玫瑰木油	6	柏木油	5
丁香油	6	甜橙油	3
檀香油	4	岩兰草油	2
广藿香油	2	乙酸岩兰草酯	4
岩蔷薇油	2		

　　配方 2　松林香香精

松针油	30	β-紫罗兰酮	1

落叶松脂	10	乙酸异龙脑酯	18
杜松子油	4	水杨酸戊酯	10
蓝桉油	4	乙酸龙脑酯	7
杂薰衣草油	2	兔耳草醛	3
迷迭香油	2	乙酸苏合香酯	2
橙叶油	1	大茴香醛	2
柏木油	1	香豆素	1
月桂醛	1	乙酸苄酯	1

配方 3　松木香香精

乙酸异龙脑酯	12.4	松针油	20
乙酸龙脑酯	5	蓝桉油	4
香豆素	3	落叶松脂	5
甲基苯乙酮	1	杜松子油	3
辛酸龙脑酯	1	杂薰衣草油	2
兔耳草醛	1	柏木叶油	0.5
乙酸苏合香酯	1	枯茗油	0.1
乙酸叶醇酯	0.5	月桂醛	0.5

九、檀香香精

檀香品种很多，最著名的是白檀，亦称东印度檀香。具有甘甜木香，稍带有花香-膏香-琥珀香韵。香气稳定，温和优雅，持久不散。

（一）檀香香精的组成

1.主香剂

檀香烯、檀香醇、檀香醚、檀香 210、檀香 208、柏木油、檀香油等。

2.协调剂

柏木醇、岩兰草醇、香叶醇、香茅醇、玫瑰醇、乙酸檀香酯、丁酸檀香酯、香叶油、岩兰草油、卡南加油、广藿香油、脂檀油等。

3.变调剂

肉桂醇、α-松油醇、丁香酚、异丁香酚、对苯二酚二甲醚、甲基柏木醚、乙酰基柏木烯、茴香醛、β-紫罗兰酮、甲基紫罗兰酮、2,3-丁二酮、异长叶烷酮、茴香脑、龙脑、香豆素、柠檬油、芫荽籽油、薰衣草油、丁香油、茴香油、菖蒲油、岩蔷薇浸膏等。

4.定香剂

乙酸柏木酯、酮麝香、昆仑麝香、橡苔浸膏、秘鲁香树脂、苏合香香树脂等。

（二）檀香型香精配方

配方 1

人造檀香	30	岩兰草油	5
柏木油	10	芫荽籽油	5
檀香醚	10	秘鲁香树脂	5
香豆素	6	香叶油	4
香叶醇	6	丁香油	3
β-紫罗兰酮	5	卡南加油	3
酮麝香	3	岩蔷薇浸膏	2
广藿香油	3		

配方 2

檀香油	40	秘鲁香树脂	2
脂檀油	10	檀香醇	10
广藿香油	3	乙酸檀香酯	10
菖蒲油	3	丁酸檀香酯	5
苏合香香树脂	2	甲基紫罗兰酮	5
丁香酚	4	昆仑麝香	6

十、皮革香香精

皮革香的香气浓烈，往往带有烟熏的甜香。

皮革香香精配方

香柠檬油	32	羟基香茅醛	15
玫瑰木油	20	肉桂醇	9.5
乳香香树脂	5	佳乐麝香	4
岩蔷薇浸膏	4	酮麝香	2
檀香油	2	α-紫罗兰酮	1
香根油	2	吲哚	1
橡苔树脂	1	苯乙酸	0.5

十一、苔香香精

苔香主要包括橡苔和树苔两大类，具有清香香气，其香气优雅，留香持久。橡苔属松萝科扁地衣属植物，具有独特的干草清香，主产于欧洲中部、南部和北非一带地中海沿岸的国家，尤其是前南斯拉夫地区、法国、意大利所产的橡苔品质最佳。树苔又名树花菜、丛生树花，常见于松树、云杉或冷杉树上，附生地衣类植物，具有苔类物质的自然青滋香气和浓郁的树脂气息，似松木气味，带草香，主要产地为法国、意大利、西班牙等地。

苔香香精配方

葛缕子油	18	β-紫罗兰酮	10
甜橙油	17	橙花醇	2
海狸净油	11	香叶醇	2
香柠檬油	10	香茅醇	1
檀香油	10	芳樟醇	1
橡苔净油	5	香豆素	1
岩兰草油	5	香兰素	1
岩蔷薇净油	5	佳乐麝香	1

第三章

香精在日用化学品中的应用

任何一种香精仅有令人愉快的香味是不够的，还必须至少能够满足一种产品的加香要求。一般而言，一种香精仅最适合于一类产品的加香，主要是因为不同加香产品对香精的香味特征、档次、形态、安全等要求是不同的。同样是玫瑰香精，有的适用于香水，有的适用于香波，有的适用于糕点。因此调配香精配方一定要有的放矢，根据不同加香产品的不同要求进行。同时香精配方名称中也要说明用途，如香水用茉莉香精、香皂用檀香香精等。

日用香精是日用化学品香精的简称，是由日用香料和香精辅料按照一定配方调制而成的混合物。我国 GB/T 22731《日用香精》规定了日用香精的要求、试验方法、检验规则等内容。日用香精广泛用于各类日用消费品中，按照中国习惯分类，主要包括水质类化妆品香精、膏霜类化妆品香精、香粉类化妆品香精、美容化妆品香精、皂用香精、洗涤用品香精、发用化妆品香精等。口腔卫生用品香精在安全管理上按食用香精标准要求。

第一节 水质类化妆品香精

水质类化妆品香精主要包括香水、花露水、古龙水和化妆水等。它们均以精制酒精、蒸馏水为溶剂，所以称为水质类化妆品。由于它们大多具有浓郁的芳香，所以也称芳香类化妆品。它们之间的区别主要在于所用香精的质量、香精的用量、酒精的用量、使用目的和使用的对象上。最名贵者当属香水。

一、香水

香水最初出现在 1370 年，当时只是把某些天然香料溶于酒精中。这种香水亦称"匈牙利水"（Hungary water）。从 19 世纪下半叶起，合成香料出现于市场，开始创造出具有独特风格的香气，现代香水便诞生了。1882 年，Paul Parguet 用香豆素制出皇家馥奇香水（Fougere royal）；1896 年，水杨酸戊酯的使用创造出了兰花石竹香水（Trifle incarnet）。如今，香水已成为化妆品家族中最重要的成员之一，是最珍贵的芳香类化妆品。

（一）香水香型的分类

香水按其香气，可以分为花香型香水和幻想型香水两大类。

1.花香型香水

花香型香水的香气，大多是模拟天然花香配制而成，主要品种有玫瑰、茉莉、水仙、玉兰、兰花、铃兰、栀子、橙花、紫丁香、紫罗兰、晚香玉、金合欢、金银花、风信子、薰衣草等。

2.幻想型香水

幻想型香水是调香师根据自然现象、风俗、景色、地名、人物、情绪、音乐、绘画等方面的艺术想象，创拟出的人们喜爱的新型香型。幻想型香水往往具有非常美好的名称，例如蝴蝶夫人（Mitsouko）、一千零一夜（Shalimar）、双绉（Crepe de Chine）、素心兰（Chyper）、香奈儿五号（Chanel No.5）、夜航（Vol de Nuit）、夜巴黎（Soir de Parls）、圣诞节之夜（Nuie de Noel）、迪奥小姐（Miss Dior）、罗莎夫人（Madame Rochas）、黑水仙（Narcisse Noir）、我的风格（Ma Griffe）、我再来（Je Reviens）、惊奇（Shocking）、喜悦（Joy）、倔强（Cabochard）、响马（Bandit）、绿风（Van Vert）、卡兰德雷（Calandre）、惊喜（Imprevu）、驿马车（Caleche）等。

（二）香水的生产

1.香水的原料

香水的主要原料是香精和酒精。有时根据特殊需求，还可加入微量的色素、抗氧化剂、杀菌剂、甘油、表面活性剂等添加剂。香水中香精用量较高，一般为 15%～25%，常用的酒精浓度为 95%。

酒精的质量对香水的品质影响很大，高级香水应采用葡萄发酵酿制的酒精，普通香水可以采用粮食发酵酿制的酒精。在配制香水之前，可在酒精中加入 10%氢氧化钠，加热回流数小时后，再进行分馏，收集其气味最纯正的部分用来配制香水。配制高级的香水，除了经上述方法处理外，还要加入含量为 $0.01\% \sim 0.05\%$ 的秘鲁香脂、吐鲁香脂、安息香香树脂、赖百当浸膏、鸢尾浸膏、香荚兰豆等进行较长时间的陈化。

　　配制香水香精所用的香料，香气应纯正，色泽尽量浅，特别注意前味（头香）、中香（体香）和后味（留香）的比例。一般喷搽 30min 左右呈现稳定的香水特征香气，应保持 2h 以上不变。

2.香水的生产工艺

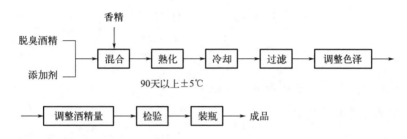

（三）香水香精和香水配方例

1.玫瑰香水香精和玫瑰香水配方

玫瑰香水香精配方

苯乙醇	10	乙酸苄酯	10
紫罗兰酮	10	茉莉香基	15
香茅醇	9	檀香油	5
苯乙醛	1	依兰依兰油	5
香兰素	1	玫瑰油	3
酮麝香	1	香叶油	3
玫瑰香基	25	鸢尾油	2

玫瑰香水配方

玫瑰香水香精	14	灵猫香膏	0.1
麝香酊（3%）	5	玫瑰油	0.2
茉莉净油	0.2	玫瑰净油	0.5
酒精（95%）	80		

2.紫罗兰香水香精和紫罗兰香水配方

紫罗兰香水香精配方

甲基紫罗兰酮	50	甜橙油	10

紫罗兰叶净油	2	α-紫罗兰酮	15
乙酸苄酯	10	金合欢净油	2
异丁香酚苄醚	4	茉莉净油	2
庚炔羧酸甲酯	1	依兰依兰油	2
鸢尾凝脂	2		

紫罗兰香水配方

紫罗兰香水香精	14	金合欢净油	0.5
檀香油	0.2	龙涎香酊（3%）	3
玫瑰油	0.1	麝香酊（3%）	2
灵猫净油	0.1	酮麝香	0.1
酒精（95%）	80		

3.兰花香水香精和兰花香水配方

兰花香水香精配方

香柠檬油	25	柠檬油	10
红玫瑰油	10	羟基香茅醛	3
橙叶油	15	酮麝香	3
茉莉净油	5	甲基紫罗兰酮	2
依兰依兰油	4.5	玫瑰净油	2
乙酸岩兰草油	0.5	丁香酚	1
香豆素	0.5	长寿花净油	2
金合欢净油	0.5	苯乙酸异丁酯	1
鸢尾净油	0.5	橙花净油	1
晚香玉净油	0.5	灵猫净油	1
风信子素	3	苯乙醇	7

兰花香水配方

兰花香水香精	15	香叶油	0.5
麝香酊（3%）	2	紫罗兰叶净油	0.5
昆仑麝香	2	酒精（95%）	80

4.水仙花香水香精和水仙香水配方

水仙花香水香精配方

α-松油醇	15	卡南加油	4
苯乙醇	10	β-萘乙醚	6
芳樟醇	10	芫荽籽油	1.5

肉桂醇	10	苯乙醛（10%）	10
乙酸苄酯	10	苯丙醛（10%）	2.5
楠叶油	2	苯乙酸对甲酚酯	1.5
羟基香茅醛	6	乙酸苏合香酯	0.5
茉莉酮	3	兔耳草醛	0.8
α-紫罗兰酮	2	椰子醛	0.2
异丁香酚	2	丁香酚	0.5
乙酸苯乙酯	2	乙酸对甲酚酯（10%）	1

水仙香水配方

水仙花香水香精	15	茉莉净油	0.5
麝香酊（3%）	2	水仙净油	0.5
酮麝香	2	酒精（95%）	80

5.晚香玉香水香精和晚香玉香水配方

晚香玉香水香精配方

香茅醇	30	依兰依兰油	4
邻氨基苯甲酸甲酯	20	晚香玉净油	2
水杨酸苄酯	10	秘鲁香膏	2
苯甲酸甲酯	4	庚炔羧酸甲酯	1
乙酸苄酯	10	芹菜籽油	0.9
水杨酸甲酯	4	香兰素	0.1
芳樟醇	7	γ-壬内酯	5

晚香玉香水配方

晚香玉香水香精	15	茉莉净油	0.5
十五内酯	2	苦橙花油	0.4
麝香酊（3%）	2	麝葵子油	0.1
酒精（95%）	80		

6.香石竹香水香精和香石竹香水配方

香石竹香水香精配方

丁香酚	40	秘鲁香膏	10
异丁香酚	10	依兰依兰油	5
苯乙醇	5	丁香油	5
香茅醇	5	薄荷油	1
水杨酸异丁酯	5	胡萝卜籽油	1

水杨酸异戊酯	5	乙酸苄酯	2
异丁香酚苄醚	1.5	α-松油醇	2
香兰素	1		

香石竹香水配方

香石竹香水香精	14	玫瑰油	1.5
麝香酊（3%）	3	安息香香树脂	1.5
酒精（95%）	80		

7.栀子香水香精和栀子香水配方

栀子香水香精配方

羟基香茅醛	20	香柠檬油	8
乙酸苄酯	15	依兰依兰油	7
芳樟醇	10	晚香玉净油	5
苯乙醇	10	茉莉净油	3
α-松油醇	6	苦橙花油	2
甲基萘基甲酮	3	α-戊基桂醛	3
邻氨基苯甲酸甲酯	1	冬青油	0.5
乙酸苏合香酯	3	乙酸苏合香酯	0.5
γ-壬内酯	1.5	苯乙醛	0.5
癸醛（10%）	1		

栀子香水配方

栀子香水香精	15	蒸馏水	6
麝香酊（3%）	3	酒精（95%）	75
酮麝香	1		

8.茉莉香水香精和茉莉香水配方

茉莉香水香精配方

乙酸苄酯	30	蜡菊净油	0.5
芳樟醇	15	异茉莉酮	0.5
依兰依兰净油	3	α-戊基桂醛	10
茉莉净油	10	没药油	0.5
丙酸苄酯	5	香柠檬油	0.5
苯丙醛	5	十二醛（10%）	1
香豆素	2	乙酸芳樟酯	5
依兰依兰油	1	灵猫提取物	1

| 橘油 | 10 | | |

茉莉香水配方

茉莉香水香精	15	苯乙醇	2
吐鲁香树脂	1	顺茉莉酮	1
安息香香树脂	1	酒精	80

9.薰衣草香水香精和薰衣草香水配方

薰衣草香水香精配方

薰衣草油	60	鸢尾浸膏	2
香柠檬油	25	橙花油	2
香荚兰酊（10%）	5	玫瑰油	1
麝香酊（3%）	2	广藿香油	0.1
灵猫香酊（3%）	2	橡苔净油	0.1
香豆素	0.8		

薰衣草香水配方

薰衣草香水香精	15	酮麝香	0.5
安息香香树脂	2	佳乐麝香	0.5
苏合香香树脂	2	酒精	80

10.玉兰香水香精配方

香柠檬油	22	乙酸芳樟酯	1
白柠檬油	11	N-甲基邻氨基苯甲酸甲酯	1.9
柠檬油	1	金合欢醇	23
玫瑰油	7.5	月桂酸乙酯	0.5
依兰依兰油	4.8	橙花叔醇	2.2
橙叶油	1.4	芳樟醇	4.3
乙酸苄酯	3.9	庚炔羧酸甲酯	2.2
羟基香茅醛	4.6	苯甲酸异丁酯	1.2
灵猫香酊（3%）	0.2	佳乐麝香	0.9
吲哚（10%）	0.2	吐鲁香树脂	0.5
甲酸肉桂酯	0.6	α-紫罗兰酮	0.6

11.素心兰香水香精配方

香豆素	9	香柠檬油	21.5
甲基紫罗兰酮	5	依兰依兰油	9.5
岩兰草油	6	异丁香酚	3.5

橡苔净油	6	龙蒿油	2.5
檀香油	5	岩蔷薇净油	2.5
安息香香树脂	5	乙酸肉桂酯	2.5
杂薰衣草净油	5	鸢尾浸膏	1.5
香紫苏油	3	当归子油	0.5
广藿香油	2	酮麝香	3
佳乐麝香	2	香兰素	2
茉莉净油	1		

12.麝香百花香水香精配方

岩蔷薇净油	20	麝香105	50
萨利麝香	30	香紫苏油	15
环十五酮	30	岩兰草油	20
十五内酯	20	甘松油	10
佳乐麝香	15	广藿香油	5
灵猫酊（10%）	20	山萩油	10
水杨酸苄酯	100	茉莉净油	20
水杨酸异丁酯	30	玳玳花浸膏	20
香豆素	20	香柠檬油	40
香兰素	5	茉莉香基	30
晚香玉香基	10	乙酸柏木酯	100
风信子香基	30	甲基紫罗兰酮	100
香石竹香基	50	大茴香醛	10
红玫瑰香基	100	人造檀香	70

13.东方香型香水香精配方

檀香脑	1.2	橡苔浸膏	1.2
香兰素	1.8	香柠檬油	4.5
麝香酮	0.6	茉莉净油	0.4
合成麝香	0.4	玫瑰油	0.3
龙涎香醇	0.5	冬青油	0.04
龙蒿油	0.5	薰衣草油	0.06
当归根油	0.1	香兰素	0.3
香紫苏油	0.6	胡椒醇	0.7
岩兰草油	1.2	依兰依兰净油	1.4
沉香醇	0.6	乙酸肉桂酯	0.5

广藿香油	0.4	安息香香树脂	1.0
异丁子香酚	0.7	乙醇	80.0
甲基紫罗兰酮	1.0		

14."馥奇"香水香精配方

薰衣草油	10	香柠檬油	20
水杨酸戊酯	5	杂薰衣草油	10
乙酸芳樟酯	15	卡南加油	2
迷迭香油	3	香豆素	10
麝香 T	5	橡苔浸膏	5
广藿香油	1	合成檀香	10
香叶油	1	玫瑰木油	3

15."赛马俱乐部"香水香精配方

大茴香醛	9	橙花香基	12
羟基香茅醛	5	晚香玉香基	8
香柠檬油	14	月桂醛（10%）	4
依兰依兰油	6	壬醛（10%）	3
柠檬油	1.5	癸醛（10%）	2
肉豆蔻油	1		

二、古龙水

古龙水，亦称科隆香水。据传 1680 年在德国科隆城由意大利人生产柠檬香型的爱米雷浦水（Eau Admirable），1756～1763 年间德法战争，法国士兵将此种芳香产品带回法国，1806 年开始在巴黎制造，法语称之为古龙水（Eau de cologne）。古龙水与香水的主要区别在于，古龙水中香精用量少，香气比较清淡，多为男士香水或中性香水所用。

（一）古龙水香型的分类

在多数古龙水所用香精中，都含有柠檬油、香柠檬油、橙花油、薰衣草油、迷迭香油等。柠檬香为基本香型。此外，还有琥珀香型、龙涎香型、三叶草型、含羞草型等。古龙水的香型大多为男士所喜爱。

（二）古龙水的生产

1.古龙水的原料

古龙水的主要成分是香精、酒精和纯净水。根据特殊需要，还可加入微量色素等添加剂。酒精应经过脱臭处理，水为去离子水或新鲜的蒸馏水，不允许有微生物存在。香精用量为 3%～6%，乙醇用量为 75%～85%，水用量为 5%～10%。由于香精用量比香水少，所以香气比较淡雅，不如香水浓郁。

2.古龙水生产工艺

工艺 A：

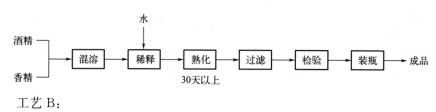

工艺 B：

（三）古龙水配方例

配方1　柠檬型古龙水

香柠檬油	35	橘子油	10
柠檬油	35	薰衣草油	15
酸橙油	15	迷迭香油	10
甜橙油	35	百里香油	5
香叶油	1	酮麝香	5
乙酸芳樟酯	8	安息香浸剂	1000
α-紫罗兰酮	2	麝葵子浸剂	500
香豆素	2	橙花水	500
异丁香酚	1	酒精（95%）	70

上述混合液经过 1 个月熟化后，过滤，检验后装瓶。

配方2　含羞草型古龙水

柠檬油	10	橙花净油	3
香柠檬油	10	芫荽油	1
橙油	10	龙蒿油	1
橙叶油（除萜）	10	酒精（95%）	850
银白金合欢净油	5	蒸馏水	100

配方 3　三叶草型古龙水

香柠檬油	20	玫瑰油	1
柠檬油	5	橡苔树脂	1
依兰依兰油	2	麝香酊（3％）	3
薰衣草油	1	香豆素	5
鼠尾草油	1	水杨酸异丁酯	10
迷迭香油	1	酒精（80％）	950

配方 4　琥珀型古龙水

香柠檬油	10	迷迭香油	1
柠檬油	5	蒸馏水	100
红橘油	5	酒精（90％）	1000
玫瑰木油	5		

上述混合液进行蒸馏，收集 1000 份蒸馏液后，再添加：

龙涎香酊（3％）	25	橙花油	3.5
安息香香树脂	5	鼠尾草油	1
香豆素	3	肉桂酸乙酯	0.5
香兰素	2		

将上述混合液经 30 天熟化后，过滤，检验，装瓶。

配方 5　龙涎香型古龙水

香柠檬油	10	橙花油	3.5
柠檬油	5	蒸馏水	100
红橘油	5	酒精（90％）	1000

将上述混合液进行蒸馏，收集 1000 份蒸馏液后，再添加：

龙涎香酊（3％）	25	橙花油	3.5
安息香香树脂	5	香紫苏油	1
香豆素	3	肉桂酸乙酯	0.5
香兰素	2		

将上述混合液经 30 天熟化后，过滤，检验，装瓶。

配方 6　经典型古龙水

香柠檬油	8	鸢尾碎根	10
柠檬油	6	蒸馏水	70
甜橙油	5	酒精（90％）	500
薰衣草油	1		

将上述混合物浸泡 24 小时后进行蒸馏，收集 500 份蒸馏液后，再添加：

| 安息香香树脂 | 5 | 迷迭香油 | 0.5 |
| 橙花油 | 2.5 | 酒精（90%） | 500 |

将上述混合液经 30 天熟化后，过滤，检验，装瓶。

三、花露水

花露水是一般家庭必备的夏令卫生用品，多在沐浴后使用，具有消毒、杀菌、解痒、除痱之功效，还有清香、凉爽、提神、醒脑、祛除汗臭的作用，香气芬芳，浓郁持久，深受人们的喜爱。

（一）花露水香型分类

花露水习惯上以薰衣草油、香柠檬油、檀香油、玫瑰油为主体，通常具有东方香型的特点，例如薰衣草型、素心兰型、玫瑰麝香型等，都是花露水最常用的香精香型。

（二）花露水的生产

1.花露水的原料

花露水主要成分是香精、酒精和水，辅以微量的螯合剂柠檬酸钠，抗氧剂二叔丁基对甲酚，颜料酸性湖蓝、酸性绿、酸性黄等。对酒精和水的质量要求与古龙水相似。香精用量为 2%～5%，酒精（95%）为 70%～75%，蒸馏水为 10%～20%。由于在花露水中酒精的含量为 70%～75%，对细菌的细胞膜渗透最为有利，因此具有很强的杀菌作用。

2.花露水生产工艺

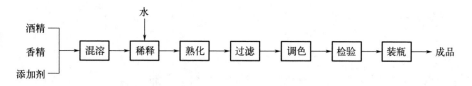

（三）花露水香精配方例

配方 1　薰衣草型花露水香精

薰衣草油	30	乙酸芳樟酯	10
柠檬油	10	乙酸松油酯	5
香柠檬油	10	乙酸香叶酯	3

甜橙油	10	肉桂醛	2
香叶油	5	甲基紫罗兰酮	2
丁香油	5	酮麝香	1
玳玳叶油	4	香豆素	1
檀香油	2		

配方 2　百花香型花露水香精

甜橙油	16	玫瑰油	2.5
橙叶油	16	百里香油	2.5
调合玫瑰	14	丁香油	2
调合茉莉	13	玫瑰草油	2
薰衣草油	12	桂皮油	2
柠檬油	8	麝香酊（3％）	2
橙花油	8		

配方 3　柠檬型花露水配方

柠檬油	20	乙酸芳樟酯	20
香柠檬油	10	橙花醇	7
甜橙油	20	玫瑰醇	1
橙叶油	10	酮麝香	1
薰衣草油	4	丁香油	1
迷迭香油	3	酒精（80％）	2000
安息香香树脂	3		

四、化妆水

化妆水亦称盥洗水，据功能分类主要有美容化妆水、爽肤化妆水、修面化妆水等。

（一）化妆水香型的分类

化妆水所用香精比较多，花香型、果香型、幻想型香精均可使用，如玫瑰、茉莉、丁香、薰衣草、琥珀薰衣草、百花香、柠檬香等。

（二）美容化妆水的生产

美容化妆水亦称去垢化妆水，主要组分有蒸馏水（60％～70％）、酒精（15％～25％）、甘油（10％左右）、氢氧化钾（0.05％）、增溶剂（0.1％左右）

和香精（0.2%～0.3%）等。根据特殊需要，还可加入微量的抗氧剂、防腐剂、色素等添加剂。美容化妆水呈弱碱性，有助于清除皮肤污垢。由于有保湿剂甘油，可以起到润湿皮肤、柔软皮肤之功效。

美容化妆水生产工艺：

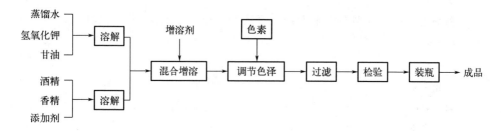

（三）爽肤化妆水的生产

爽肤水亦称收敛化妆水，主要组分有蒸馏水（60%～70%）、酒精（10%～15%）、甘油（5%～10%）、香精（0.3%～0.5%）、阳离子收敛剂（硫酸铝、硫酸锌、硫酸钾铝，0.5%左右）或阴离子收敛剂（硼酸、柠檬酸，0.2%左右）。爽肤水呈弱酸性。借收敛剂与蛋白质发生凝固反应，以及对皮肤的冷却作用，能绷紧皮肤、收缩毛孔，起到收敛和凉爽作用。

爽肤水生产工艺：

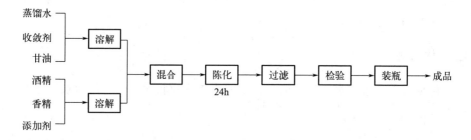

（四）修面化妆水的生产

修面化妆水是专供男士剃须修面后的化妆品，主要组分有蒸馏水（45%左右）、酒精（50%左右）、山梨醇（2.5%）、硼酸（20%）、薄荷醇（0.1%）、香精（0.3%）等。修面化妆水呈弱酸性，能中和剃须皂留给皮肤的碱性，具有缓和的收敛作用，能赋予皮肤清新凉爽的感觉。

修面化妆水生产工艺：

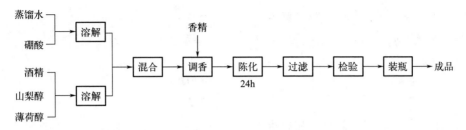

（五）化妆水用香精配方例

配方 1　玫瑰香化妆水用香精

苯乙醇	40	昆仑麝香	3
玫瑰醇	10	酮麝香	1
香茅醇	10	肉桂醇	2
香叶醇	10	羟基香茅醛	2
芳樟醇	5	十一醛（10％）	2
橙花醇	3	壬醛（10％）	1
乙酸苯乙酯	4	香叶油	1
乙酸芳樟酯	4	甲酸香叶酯	1
乙酸香叶酯	2		

配方 2　茉莉香化妆水用香精

乙酸苄酯	25	香柠檬油	8
芳樟醇	15	红橘油	7
依兰依兰油	4	α-戊基桂醛	15
丙酸苄酯	8	茉莉香基	4
苯乙醇	6	灵猫香酊（3％）	1
乙酸芳樟酯	5	异茉莉酮	0.5
月桂醛（10％）	1.5		

配方 3　柠檬香化妆水用香精

香柠檬油	20	芫荽油	1
甜橙油	8	肉豆蔻油	1
柠檬油	8	乙酸对叔丁基环己基酯	10
橡苔净油	7	十五内酯（10％）	8
薰衣草油	7	乙酸柏木酯	6
格蓬香树脂	8	α-紫罗兰酮	5
柏木烯	5	丁香酚	1
圆柚酮	4		

配方 4　薰衣草香化妆水配方

薰衣草油	30	乙酸芳樟酯	10
穗薰衣草油	5	麝香 T	2.5
香荚兰酊	10	蒸馏玫瑰水	27.5
麝葵子酊	5	酒精（95％）	90

配方 5　琥珀薰衣草香化妆水配方

薰衣草油	40	乙酸芳樟酯	10
穗薰衣草油	5	天然琥珀浸液	5
玫瑰油	2	玫瑰水	50
檀香油	0.5	灵猫酊（3％）	2.5
麝葵子浸膏	2.5	酒精（95％）	80
岩蔷薇浸膏	2.5		

第二节　膏霜类化妆品香精

膏霜类化妆品是使用最广泛的一种化妆品，其主要是为了护肤。从膏霜类的形态来看，呈半固体状态，不能流动的膏霜，一般称为固态膏霜，例如雪花膏、冷霜、清洁霜、营养润肤霜等；呈液体状态，能流动的膏霜，称为液体膏霜，例如奶液、清洁奶液、防晒奶液、营养润肤奶液等。

一、雪花膏

雪花膏颜色洁白，搽到皮肤上似乎立即消失不见，此种现象类似雪花，故命名为雪花膏。

（一）雪花膏的组成

雪花膏是以硬脂酸和碱溶液，经皂化反应生成硬脂酸盐类乳化剂。它属于阴离子型乳化剂为基础的水包油（O/W）型乳化体。雪花膏搽涂在皮肤上，水分蒸发以后，在皮肤表面上留下一层由硬脂酸皂和保湿剂所形成的薄膜，可以防止水分过快蒸发，对保护表皮的柔软程度起了重要作用。

雪花膏的基本组分是：硬脂酸（15％～20％）、碱类（氢氧化钾、氢氧化钠，0.5％～2％）、保湿剂（甘油、白油、多元醇，8％～20％）、香精（0.3％～

0.8%)、防腐剂（0.02%～0.1%）、精制水（60%～80%）。

（二）雪花膏生产工艺

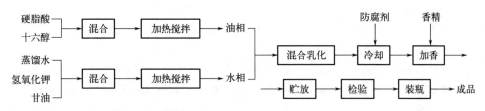

（三）雪花膏用香精配方例

配方1　玫瑰型雪花膏用香精

香茅醇	23	香叶油	13
苯乙醇	13	愈创木油	6
香叶醇	12	卡南加油	1.5
乙酸苄酯	10	甲基紫罗兰酮	3
松油醇	5	邻氨基苯甲酸甲酯	1
羟基香茅醛	5	结晶玫瑰	1
异丁香酚	0.5		

配方2　玫瑰-檀香型雪花膏用香精

檀香油	12	紫罗兰酮	2
柏木油	7	丁香酚	2
芸香油	5	苯乙酸	2
广藿香油	3	香叶醇	18
香叶油	3	香茅醇	10
橙叶油	2	肉桂醇	8
菖蒲油	1	乙酸苄酯	6
乙酸松油酯	4	岩兰草油	0.5
乙酸芳樟酯	4	岩蔷薇油	0.5
乙酸香叶酯	1	α-戊基桂醛	1
大茴香醛	4	羟基香茅醛	2
香豆素	1		

配方3　三花型雪花香精

羟基香茅醛	20	依兰依兰油	5
甲基紫罗兰酮	15	香叶油	4.5

香叶醇	8	β-紫罗兰酮	5
山萩油	0.5	苯乙醇	5
甜橙油	0.25	卡南加油	2
墨红浸膏	0.25	佳乐麝香	5
茴香醛	1.5	香茅醇	4
α-戊基肉桂醛	1	芳樟醇	4
乙酸香茅醛	0.9	乙酸苄酯	3
癸醛	0.1	檀香803	3
苯乙醛	0.5	乙酸芳樟酯	3
月桂醛	0.25	酮麝香	2
乙基香兰素	0.25		

注：以铃兰、紫罗兰、葵花三种花香为主。

配方4　三花型雪花香精

松油醇	10	α-戊基桂醛	2.5
芳樟醇	8	茴香醛	2
乙酸苄酯	8	香叶醇	7
甲酸香茅酯	1.5	羟基香茅醛	7
乙酸香茅酯	1	香茅醇	5
乙酸香叶酯	1	肉桂醇	4
天竺葵油	5	乙酸芳樟酯	4
甜橙油	3	紫罗兰酮	3
橙叶油	2	水杨酸丁酯	3
檀香油	2	香豆素	3
珠兰油	0.25	菖蒲油	2
异丁香酚	2.5	芸香油	2
岩兰草油	0.25	香附油	1
甘松油	1.5	依兰依兰油	1
苯甲酸甲酯	0.5	白兰叶油	1
辛酮（10%）	0.5	月桂醛（10%）	1
椰子醛	0.25	香叶油	2
桃醛	0.25		

注：以茉莉、依兰、橙花三种花香为主。

配方5　玫瑰-紫罗兰香雪花香精

玫瑰醇	23	香叶油	10

苯乙醇	13	檀香油	4
香叶醇	12	依兰依兰油	3.5
墨红净油	2	广藿香油	1.5
甲基紫罗兰酮	4	玳玳叶油	2.5
佳乐麝香	2	α-紫罗兰酮	10
大花茉莉浸膏	1	柠檬油	1.5
玫瑰油	1	玫瑰浸膏	1.5
乙酸苄酯	1	芳樟醇	1.5
桃醛	0.5	肉桂醇	1.5

二、冷霜

冷霜亦称香脂，其发明可以追溯到公元 100～200 年，希腊人盖伦（Ga-len）首先用 1 份蜂蜡、4 份橄榄油和玫瑰水制成冷霜。由于搽到皮肤上水分蒸发会产生冷的感觉，所以称为冷霜。

（一）冷霜的组成

冷霜大多产品为油包水（W/O）型乳剂，也有少数产品为水包油（O/W）型乳剂。由于油脂含量较高，特别适于干性皮肤搽用，有柔软滋润皮肤、防止皮肤干裂作用。

冷霜的组成特点是水分的含量要低于油、脂、蜡的含量，其目的是形成稳定的水/油型乳化体。油相和水相的比例约为 2：1。其基本组成是：白油（35％～45％）、蜂蜡（10％～15％）、脂（酯）类（羊毛脂、单硬脂酸甘油酯、失水山梨醇单硬脂酸酯，2％～10％）、硼酸（0.5％～1％）、香精（0.5％～1％）、抗氧剂（0.02％～0.05％）、防腐剂（0.02％～0.05％）、精制水（30％～35％）等。

（二）冷霜生产工艺

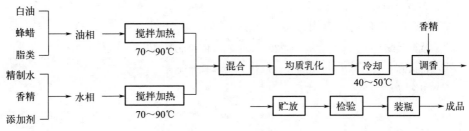

（三）冷霜用香精配方例

配方 1　茉莉冷霜用香精

安息香香树脂	5	乙酸苄酯	28.5
芳樟醇	10	依兰依兰油	3
羟基香茅醛	7	香柠檬油	3
白兰叶油	2	α-己基桂醛	6
α-戊基桂醛曳馥基	5	树兰油	1
苯乙醇	5	茉莉浸膏	0.5
香茅醇	4	甲基紫罗兰酮	2
乙酸芳樟酯	3	紫罗兰酮	2
丙酸苄酯	3	水杨酸异丁酯	1.5
酮麝香	1	α-松油醇	2.8
丙酸甲基苯基原酯	2	杨梅醛	0.5
苯乙酸对甲酚酯（10％）	2		

配方 2　白兰冷霜用香精

羟基香茅醛	15	苯乙醇	6
乙酸苄酯	12	α-松油醇	6
芳樟醇	10	异丁香酚	1.7
紫罗兰酮	10	α-戊基桂醛	7
苯乙醛二甲缩醛	1	椰子醛	0.5
佳乐麝香	3	桃醛	0.5
菠萝醛	0.4	乙酸苯乙酯	2
杨梅醛	0.3	香茅醇	2
吲哚	0.1	依兰依兰油	6
白兰浸膏	0.25	香柠檬油	5
檀香 803	3	香根油	1
丁酸苄酯	0.5	紫苏油	0.5
乙酸芳樟酯	3.5	白兰花油	0.75

配方 3　金合欢冷霜用香精

α-紫罗兰酮	20	依兰依兰油	6
α-松油醇	8	香叶油	2
羟基香茅醛	8	檀香油	2
乙酸苄酯	5	鸢尾油	2

芳樟醇	5	树兰花油	1
香叶醇	5	水仙香基	4
苯乙醇	4	茉莉香基	1
香豆素	2	山萩油	2
大茴香醛	3.7	酮麝香	3
岩蔷薇浸膏	0.5	α-戊基桂醛	2.5
甲基苯基乙酮	0.5	佳乐麝香	2
辛炔羧酸甲酯	0.5	异丁香酚	2
枯茗醛	0.3		

配方 4 柠檬-花香冷霜用香精

香柠檬油	10	甲基紫罗兰酮	1.5
柠檬油	10	大茴香醛	1.5
香豆素	1	白兰叶油	6.5
香叶油	5	依兰依兰油	3.5
柠檬醛二乙缩醛	1	甲基壬基乙醛	0.3
玳玳叶油	3	月桂腈	0.2
乙酰基异丁香酚	2	芳樟醇	3.5
乙酸芳樟酯	8	水杨酸苄酯	3.5
二氢茉莉酮酸甲酯	6	α-紫罗兰酮	3
乙酸二甲基苄基原酯	5	佳乐麝香	2.5
香茅醇	5	丙酸芳樟酯	2
苯乙醇	4	乙酸苄酯	2

配方 5 果香-木香冷霜用香精

香柠檬油	40	苯甲醛	30
柏木油	30	苯乙醇	50
丁香油	12	佳乐麝香	20
肉桂油	8		

三、奶液

奶液亦称为蜜，是一种液态膏霜类化妆品。大部分乳液粒子在 $1\sim4\mu m$ 之间，小者可以达到 $0.05\mu m$。奶液为半透明或不透明的流动乳化液体，色泽洁白，油腻感小，有调合润肤作用。

（一）奶液的基本组成

水包油型（O/W）奶液基本组成是：白油（7%～15%）、羊毛脂（2%～

3％)、凡士林（2％～3％)、香精（0.5％～1％)、添加剂（防腐剂、抗氧化剂0.05％～0.5％)、精制水（75％～85％)。

　　油包水型（W/O）奶液基本组成是：白油（20％～25％)、甘油（225％)、十六醇（1％～2％)、高级酯类（单硬脂酸甘油酯、聚氧乙烯硬脂酸酯，2％～3％)、香精（0.5％～1％)、添加剂（防腐剂、抗氧剂，0.05％～0.5％)、精制水（50％～60％)。

（二）奶液生产工艺

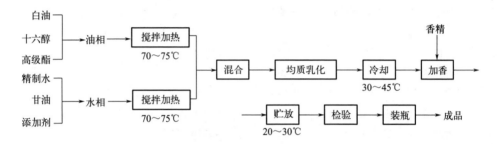

（三）奶液用香精配方例

茉莉奶液用香精

乙酸苄酯	28	依兰依兰油	3
芳樟醇	15	茉莉净油	0.2
乙酸芳樟酯	7	α-戊基桂醛	10
丙酸苄酯	7	α-己基桂醛	10
香兰素	3.8	苯乙醇	3

第三节　香粉类化妆品香精

　　香粉类化妆品主要有四种类型：化妆用香粉、压制粉饼、爽身粉、痱子粉。

一、化妆用香粉

　　化妆用香粉主要用于面部化妆，一般为白色、肉色、赭黄色或粉红色。其作用在于使颗粒极细的粉质涂敷在面部，以遮盖皮肤上的某些缺陷，亦可吸收过多的皮脂而消除油光，化妆成满意的皮肤颜色。

（一）化妆香粉的组成

香粉的组成必须体现出极强的遮盖、涂展、附着和滑爽的性质。粉质必须洁白、无味、光滑、细腻。其细度应有 98％以上能通过 200 目的筛孔。其基本组成是：滑石粉（40％～60％）、高岭土（8％～15％）、碳酸钙（5％～10％）、碳酸镁（5％～10％）、钛白粉（5％～10％）、氧化锌（5％～10％）、硬脂酸锌（5％～10％）、香精（0.5％～1％）。

（二）化妆香粉的生产工艺

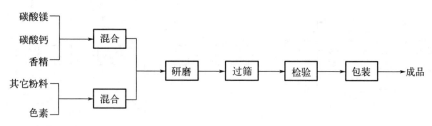

二、压制粉饼

压制粉饼的使用目的和要求与香粉基本相同。将香粉压制成粉饼是为了便于携带，防止倾翻粉末飞扬。

（一）粉饼的基本组成

滑石粉（50％～70％）、高岭土（5％～10％）、钛白粉（5％～10％）、氧化锌（5％～10％）、黏合剂（米淀粉、阿拉伯树胶、1％羧甲基纤维素水溶液，2％～5％）、甘油（2％～3％）、香精（0.5％～1％）、精制水（2％～4％）。

（二）粉饼的生产工艺

三、爽身粉

爽身粉主要用于浴后、剃须后掸扑在皮肤表面，有吸收汗液、滑爽皮肤之功效。

（一）爽身粉的组成

爽身粉的主要原料为滑石粉（70％～80％）、碳酸镁（10％～15％）、硼酸（3％～5％）、香精（0.2％～1％），还可加入少许氧化锌、硬脂酸锌和高岭土等粉料。由于有少量硼酸的存在，它有轻微的杀菌消毒作用，使皮肤有舒适的感觉。硼酸也是一种缓冲剂，使爽身粉在水中 pH 不致太高。

（二）爽身粉生产工艺

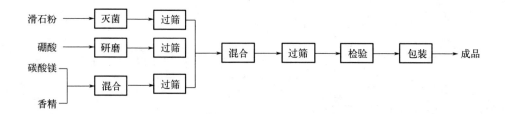

四、痱子粉

痱子粉主要供幼儿在炎热的夏天使用。痱子粉中含有少量的硼酸、水杨酸、樟脑、薄荷等，具有爽身、止痒、消毒、抑菌作用。

（一）痱子粉的组成

痱子粉的基本组成是：滑石粉（80％～90％）、氧化锌（3％～5％）、硼酸（2％～3％）、水杨酸（0.5％～0.8％）、樟脑（0.5％～1％）、薄荷脑（0.5％～1％）。

（二）痱子粉的生产工艺

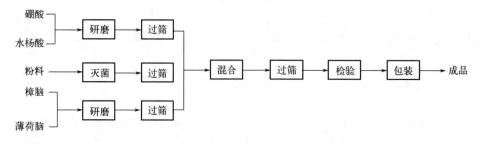

五、粉料化妆品香精配方例

配方 1 玫瑰香粉香精

苯乙醇	30	墨红净油	1
玫瑰醇	20	紫罗兰叶净油	1
香茅醇	15	丙酸苯乙酯	1
香叶醇	8	大茴香醇	0.5
甲基紫罗兰酮	5	麝香 105	1.5
橙叶油	6	香兰素	1.5
香柠檬油	5	桃醛	0.5
秘鲁香树脂	4		

配方 2 茉莉香粉香精

乙酸苄酯	20	茉莉香基	10
芳樟醇	15	柑橘油	5
香兰素	15	依兰依兰油	3
佳乐麝香	1	α-戊基桂醛	10
α-己基桂醛	9	乙酸芳樟酯	5
酮麝香	5		

配方 3 香石竹香粉香精

甲基异丁香酚	25	橙花油	5
丁香酚	22	玫瑰油	5
α-松油醇	20	胡椒油	1
苯甲酸异丁酯	11	羟基香茅醛	2
异丁香酚	9		

配方 4 丁香香粉香精

α-松油醇	20	吐鲁粉	10
芳樟醇	20	乳香粉	10
苄基异丁香酚	5	依兰依兰油	5
乙酸苏合香酯	4	茉莉油	5
苯乙醛	3	鸢尾油	4
香兰素	2	香豆素	3
壬醛	1	酮麝香	1
丁香酚	5		

配方 5 紫罗兰香粉香精

肉豆蔻酸乙酯	10	α-紫罗兰酮	40
甲基紫罗兰酮	15	鸢尾酮	5
乙酸芳樟酯	10	佳乐麝香	3
茉莉油	5	紫罗兰叶油	3
金合欢油	4	鸢尾油	2
紫罗兰油	3		

配方 6 百花型香粉香精

羟基香茅醛	16	乙酸苯乙酯	6.5
α-紫罗兰酮	14	香叶醇	4.5
异丁香酚	3	香茅醇	3.5
α-戊基桂醛	3	佳乐麝香	3
苯乙醇	2.5	酮麝香	3
大茴香醛	1.5	异丁香酚	3
兔耳草醛	1.5	芳樟醇	2
香豆素	0.5	香叶油	4
香兰素	0.2	檀香油	2
白兰叶油	5.5	薰衣草油	1
茉莉浸膏	3.5	树兰净油	1
橙叶油	1.5	岩蔷薇浸膏	1
白兰浸膏	0.3	β-萘乙醚	0.5
玫瑰油	0.2	广藿香油	0.3
乙酸苄酯	0.8	辛炔羧酸甲酯	0.5
苯乙酸对甲苯酯	0.3	苯甲酸甲酯	0.2
苯乙醛	0.2	甲基壬基乙醛	0.1
癸醛	0.1		

配方 7 龙脑-麝香香粉香精

龙脑	4	苏合香香树脂	1
酮麝香	15	岩兰草油	4
降龙涎香醚	1	麝香105	10
龙涎香香基	6	檀香208	6
甲基紫罗兰酮	8	十五内酯	0.3
香叶油	6	苯乙醇	3.2
墨红净油	3	岩蔷薇净油	0.5

橡苔净油	1	卡南加油	5
乙酸对甲酚酯	1	苯甲酸苄酯	10
香豆素	5	水杨酸苄酯	10

配方 8　橙花爽身粉香精

苯乙醇	8.25	橙叶油	11
α-戊基桂醛曳馥基	4.5	芳樟醇	8
檀香 803	3	香叶醇	7
苄醇	1.8	乙酸芳樟酯	6
α-松油醇	1.5	羟基香茅醛	6
柠檬醛	0.5	甲基紫罗兰酮	5
苯甲酸甲酯	0.25	乙酸苄酯	4
乙基香兰素	0.25	乙酸 α-松油酯	4
白兰叶油	3.5	佳乐麝香	3
甜橙油	1.5	香豆素	1
香叶油	1.5	香柠檬油	5
茉莉浸膏	1.5	薰衣草油	4
海狸香膏	0.5	依兰依兰油	2
白兰花油	0.25	丁香油	1
癸醛	0.1	香紫苏油	1
甲基壬基乙醛	0.1	树兰花油	1
香根油	1	岩蔷薇浸膏	1

配方 9　橙花爽身粉香精

玳玳叶油	11	芳樟醇	8
玳玳花油	4	橙花醇	8
香柠檬油	5	香柠檬醛	2.5
乙酸芳樟酯	6	甜橙油	1.5
乙酸 α-松油酯	4	乙酸苄酯	4
白兰叶油	3	薄荷油	8
杂薰衣草油	3	丁香罗勒油	1
α-紫罗兰酮	5	乙基香兰素	0.3
香紫苏油	1	α-松油醇	1.5
檀香 208	3	香叶醇	1.5
岩蔷薇浸膏	1	甲基壬基乙醛	0.2
甲基戊基桂醛曳馥基	5	麝香 105	3

卡南加油	2	香豆素	1.5
树兰油	1	岩兰草油	1

配方 10　薰衣草爽身粉用香精

杂薰衣草油	20	乙酸芳樟酯	4
薰衣草油	8	乙酸松油酯	2
白兰叶油	4	丁香罗勒油	1
橡苔浸膏	2	香紫苏油	7.5
香柠檬油	6	龙脑	2.5
合成檀香	3	岩蔷薇浸膏	2
乙酸苄酯	5	岩兰草油	2
α-戊基桂醛曳馥基	5	广藿香油	1
白兰花油	1	佳乐麝香	3
卡南加油	2	香豆素	3
紫罗兰酮	6	香兰素	1
香叶醇	6	香叶油	5
薄荷油	3	水杨酸异戊酯	2

第四节　美容化妆品香精

美容化妆品又称彩色化妆品，简称彩妆，可分为胭脂、唇膏、眉笔、眼黛、指甲油等五大类。其中胭脂、唇膏对香精的质量要求最高。眉笔、眼黛、指甲油一般不用添加香精。

一、胭脂类化妆品

胭脂类化妆品主要品种有：胭脂块、胭脂膏、胭脂乳、胭脂水等。胭脂类化妆品所用香精大多为花香型。

（一）胭脂块

胭脂块是将粉料、黏合剂、颜料和香精等混合后，经压制而成的饼状脸部美容化妆品。香气要纯正，色泽要鲜明，质地要细软，并有一定的遮盖力和吸着力。

1.胭脂块的组成

胭脂块的基本组成是：滑石粉（60%～70%）、碳酸镁（5%～10%）、氧化锌（5％～10％）、硬脂酸锌（3％～5％）、淀粉（5％～10％）、黏合剂（凡士林、羊毛脂、液体石蜡，0.2％～2％）、颜料（0.5％～1％）、香精（0.5％～1％）、抗氧剂和防腐剂适量。

2.胭脂块生产工艺

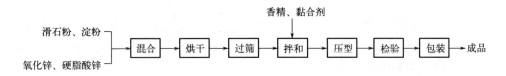

（二）胭脂膏

胭脂膏是以油脂和颜料为主调制而成的，是一种色泽均匀、膏体细腻、富有油润性和耐汗性能的脸部美容化妆品。

1.胭脂膏的组成

油性胭脂膏的基本组成：液体石蜡（20％～30％）、凡士林（15％～20％）、棕榈酸异丙酯（10％～20％）、肉豆蔻酸异丙酯（10％～20％）、纯地蜡（5％～10％）、白蜂蜡（5％～10％）、粉料（滑石粉、高岭土，20％～30％）、颜料（2％～5％）、香精（1％～2％）、抗氧剂和防腐剂适量。

2.胭脂膏生产工艺

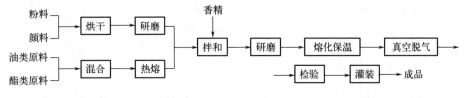

（三）胭脂乳

胭脂乳是一种色调均匀、涂展性好、油腻感小、细密稠厚的乳状液，涂于面颊，可以增强面部立体感。

1.胭脂乳的基本组成

液体石蜡（15％～25％）、凡士林（10％～20％）、羊毛脂（3％～8％）、蜡类（白蜂蜡、纯地蜡、鲸蜡，5％～10％）、乳化剂（单硬脂酸甘油酯、倍半油酸缩水山梨醇酯、聚乙二醇单硬脂酸酯，5％～10％）、颜料（5％～8％）、香精（0.5％～1％）、精制水（25％～35％）、抗氧剂和防腐剂适量。

2.胭脂乳生产工艺

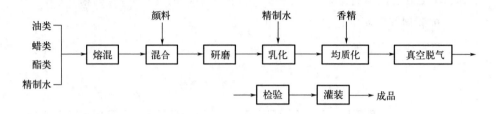

（四）胭脂类化妆品用香精

配方1 玫瑰香精

苯乙醇	35	乙酸二甲基苄基原酯	4
香茅醇	15	乙酸苯乙酯	3
香叶醇	10	异丁酸苯乙酯	3
玫瑰醚（10%）	2	乙酸香叶酯	3
樟脑（10%）	2	甲酸香叶酯	2
壬醛（10%）	2	甲酸香茅酯	2
杨梅醛（10%）	2	麝香-T	2
桃醛（10%）	1	康酿克油	0.5
苯乙醛（10%）	1	鸢尾油	2
庚炔羧酸甲酯（10%）	1	香柠檬油	2
苯乙酸乙酯	1	秘鲁香膏	1
乙酸薄荷酯	1	安息香香树脂	1
叶醇（10%）	0.5		

配方2 茉莉香精

茉莉净油	15	α-戊基桂醛	30
乙酸苄酯	15	苄醇	4.8
水杨酸苄酯	8	吲哚	0.2
苯乙醇	7	α-紫罗兰酮	3
橙花醇	5	橙叶油	5
橙花油	2	羟基香茅醛	3
丁酸丁酯	2		

配方3 紫丁香香精

肉桂醇	17.5	α-松油醇	12
羟基香茅醛	16.5	乙酸苯乙酯	5

苯乙醇	15.5	芳樟醇	4
苄醇	4	苯乙酸乙酯	4.5
茉莉净油	2	乙酸苄酯	3.5
茴香醛	1	水杨酸苄酯	1.5
苯乙醛	1	玫瑰净油	0.5
对甲基苯甲醛（10%）	1	金合欢醇	0.5
癸醇（10%）	1	香兰素	0.5
枯茗醇	1	异丁香酚	0.5
对甲酚（10%）	0.5		

配方4　铃兰香精

羟基香茅醛	30	α-紫罗兰酮	5
芳樟醇	10	丙酸苄酯	5.5
香茅醇	9	玫瑰醇	4.5
金合欢醇	2.5	肉桂醇	7
丁酸香叶酯	2.5	二甲基苄基原醇	6
香兰素	0.5	α-松油醇	6
辛炔羧酸甲酯	0.2	丁酸桂酯	4
苯甲醛	0.1	依兰依兰油	2
十一醛	0.1	茉莉净油	2
甲基己基乙醛	0.1		

配方5　紫罗兰香精

香柠檬油	10	α-紫罗兰酮	40
调合茉莉油	10	异丁香酚苄醚	3
肉桂净油	7	酮麝香	2.5
鸢尾油	5	辛炔羧酸甲酯	1
依兰依兰油	4	月桂醛	0.1
岩兰草油	3	紫罗兰叶净油	0.4
香荚兰净油	1	玫瑰净油	0.5
甲基紫罗兰酮	10		

二、唇膏类化妆品

唇部化妆品主要品种有唇膏、唇脂等。在古罗马时代，人们就开始用特定的植物中含有的色素涂嘴唇和面颊。油和蜡构成的条状唇膏从第一次世界大战时开始流行起来。在现代，唇膏的色调与妇女的发型、服装的颜色相互配合，是妇女最常用的时尚化妆品之一。唇膏类化妆品香精大多为花香型香精。

（一）唇膏

唇膏，俗称口红，是以红色为基调，或辅以珠光色彩，或辅以变色颜料的棒形蜡状体。易于在唇部涂展，赋予唇部色泽与光泽，以增加魅力与美感，同时还具有保护滋润皮肤的作用。

1.唇膏的组成

蓖麻油型唇膏的基本组成是：蓖麻油（40％～45％）、羊毛脂（10％～12％）、肉豆蔻酸异丙酯（8％～10％）、树蜡（10％～15％）、固体石蜡（8％～10％）、蜂蜡（4％～6％）、钛白粉（3％～5％）、颜料（1.5％～2％）、香精（0.5％～1％）、抗氧剂适量。

液体石蜡型唇膏的基本组成是：液体石蜡（20％～25％）、羊毛脂（15％～20％）、硬脂酸丁酯（10％～15％）、单硬脂酸甘油酯（3％～5％）、纯地蜡（10％～15％）、蜂蜡（8％～12％）、鲸蜡（3％～5％）、十六醇（3％～5％）、钛白粉（3％～5％）、颜料（2％～3％）、香精（0.5％～1％）、抗氧剂适量。

2.唇膏生产工艺

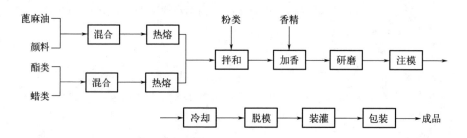

（二）唇脂膏

唇脂膏与唇膏的主要区别在于不含颜料。其主要功能是保持唇部润湿，防止唇部皮肤干裂，可以防止唇部发炎，适合任何年龄、任何性别的人使用。

1.唇脂膏的组成

唇脂膏的基本组成是：白凡士林（60％～65％）、石蜡（30％～35％）、薄荷脑（1％～2％）、樟脑（1％～2％）、丁香油（0.5％～1％）、杏仁油（0.5％～1％）、桂皮油（0.5％～1％）。

2.唇脂膏生产工艺

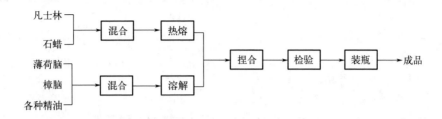

（三）唇膏类香精配方例

配方 1　玫瑰香精

苯乙醇	20	香叶油	10
香叶醇	20	结晶玫瑰	2
香茅醇	10	酮麝香	2
玫瑰醇	6	肉桂醇	2
芳樟醇	5	乙酸玫瑰酯	1
羟基香茅醛	5	乙基香兰素	1
橙花醇	4	杨梅醛	1
乙酸芳樟酯	4	十一醛（10％）	1
乙酸香叶酯	2	苯乙酸（10％）	1
丁酸香叶酯	2	昆仑麝香	1

配方 2　茉莉香精

乙酸苄酯	20	柑橘油	10
芳樟醇	15	依兰依兰油	3
灵猫香酊（3％）	2	α-戊基桂醛	10
丙酸苄酯	8	香兰素	3
乙酸芳樟酯	5	佳乐麝香	2
苯乙醇	5	酮麝香	2
苯乙醛	4	乙酸苄酯	1

配方 3　金合欢香精

茴香醛	35	橙叶油	10
苯乙醇	5	安息香香树脂	5
肉桂醇	5	橙花油	3
苯乙酸异丁酯	5	茉莉净油	1
香兰素	3	玫瑰油	1

苯乙醛	3	羟基香茅醛	2
乙酸苄酯	3	苯乙酸	2
甲基苯乙酮	3	玫瑰醇	2
芳樟醇	2	萘甲酮	1
杨梅醛（10%）	1		

配方 4　栀子香精

羟基香茅醛	22	α-紫罗兰酮	11
苯乙醇	10	乙酸苯基甲基原酯	10
肉桂醇	7.5	α-松油醇	6.5
香茅醇	5	乙酸苄酯	4.5
橙花净油	2	乙酸异丁香酚酯	3.7
茉莉净油	1	二甲基苄基原醇	3.5
玫瑰净油	1	苦橙花油	0.5
香豆素	2	苯乙醛	0.8
辛炔羧酸甲酯	0.5		

配方 5　紫丁香香精

茉莉净油	3	α-松油醇	21.5
羟基香茅醛	20	芳樟醇	8
苯乙醇	9	α-戊基桂醛	3
大茴香醇	8	苯乙醛	1.5
乙酸苄酯	7	α-紫罗兰酮	2
苏合香香树脂	2	依兰依兰油	1
苯丙醛	1	香豆素	1
苯乙酮	1	吲哚	0.5
γ-十一内酯（10%）	0.4	对甲酚甲醚	0.1

第五节　发用化妆品香精

发用化妆品品种繁多，主要有洗发用品、护发用品、美发用品、染发用品等四大类。香精主要用在护发用品和洗发用品中。

一、护发用品

护发用品主要有发蜡、发油、发乳、发水等品种。常用的香精有玫瑰、茉莉、紫罗兰、香石竹、栀子花、薰衣草、三叶草等香型。

（一）发蜡

发蜡亦称发脂，是一种半固态的蜡、油、脂的混合物，较适合男性使用。主要用于修饰发型，使头发油亮，同时有润发作用。

1.发蜡的组成

油脂性发蜡的基本组成是：白凡士林（75%～80%）、白油（15%～20%）、蜂蜡（5%～8%）、白蜡（2%～3%）、香精（0.5%～1%）、色料和抗氧剂适量。

可洗性发蜡的基本组成是：橄榄油（6%～8%）、白油（4%～6%）、液体石蜡（2%～4%）、聚氧乙烯十六醇醚（25%～35%）、精制水（50%～60%）、香精（0.5%～1.5%）、色料和抗氧剂适量。

2.发蜡的生产工艺

油脂性发蜡的生产工艺：

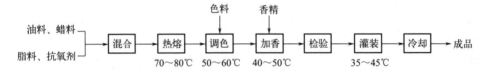

可溶性发蜡的生产工艺：

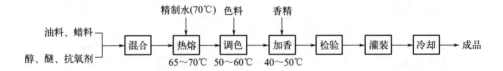

（二）发油

发油有保持发型的作用，它能柔软头发，保持头发光泽，还有一定的营养头发作用。

1.发油的组成

发油的基本组成是：白油（70%～80%）或山茶油（70%～80%）、橄榄油（5%～10%）、乙酰化羊毛脂（5%～10%）、香精（0.5%～1%）、色料和抗氧剂适量。

2.发油生产工艺

（三）发乳

发乳呈乳膏状，使用后可在头发上形成一层乳化性薄膜，从而起到保护头发、柔润发质的作用，是人们广为使用的一种整发剂。

1.发乳的组成

油包水型发乳基本组成是：白油（35%～40%）、白凡士林（7%～10%）、蜂蜡（2%～3%）、单硬脂酸甘油酯（3%～5%）、聚氧乙烯硬脂酸酯（2%～3%）、香精（0.5%～1.5%）、硼砂（0.3%～0.5%）、精制水（45%～50%）、防腐剂适量。

水包油型发乳基本组成是：白油（30%～35%）、蜂蜡（3%～4%）、硬脂酸（0.4%～0.6%）、十六醇（1%～2%）、三乙醇胺（1.5%～1.8%）、无水山梨醇倍半油酸酯（2%～3%）、香精（0.5%～1%）、精制水（50%～60%）、防腐剂适量。

2.发乳生产工艺

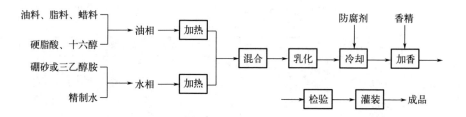

（四）发液

发液亦称发水，按照功能分类有生发水、去头屑发水、头发强壮剂等。

1.生发水的生产

生发水配方：何首乌 17 份、桂枝 15 份、百部 10 份、酒精（95%）900份、水 800 份、水溶性香精 0.5 份、防腐剂适量。

生发水生产工艺：

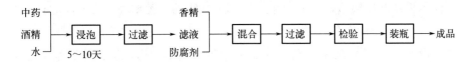

2.去头屑发水的生产

去头屑发水配方：酒精 80 份、精制水 16 份、氮草酮 2 份、辣椒酊 1 份、间苯二酚 0.5 份、丙二醇 0.5 份、薄荷脑 0.4 份、水杨酸 0.3 份、樟脑 0.1 份、香精 0.5～1 份、色料适量。

去头屑发水生产工艺：

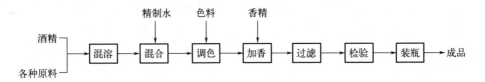

3.头发强壮剂的生产

头发强壮剂配方：酒精 75 份、精制水 20 份、聚乙二醇 2 份、辣椒酊 1 份、薄荷脑 0.5 份、水杨酸 0.5 份、龙脑 0.1 份、盐酸金鸡纳 0.05 份、激素（女性荷尔蒙或己烯雌酚）0.001 份、香精 0.5～1 份。

头发强壮剂的生产工艺：

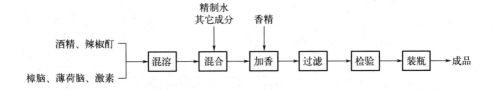

二、洗发用品

洗发用品按其形态可分为液体香波、膏状香波和粉末香波三大类。花香型、果香型、草香型、青香型香精均可用于洗发香波中。

（一）液体香波

液体香波是现代生活中广泛应用的洗发剂之一。20 世纪 30 年代初期以钾皂为主体原料，40 年代后期已被性能优良的合成表面活性剂所替代。

1.液体香波的组成

液体香波配方很多，在此介绍一种刺激性小的温柔型洗发香波配方：十二烷基硫酸三乙醇胺 20 份、月桂酰二乙醇胺 3 份、乙酰化羊毛脂醇聚氧乙烯加成物 3 份、十二醇硫酸钠 2 份、精制水 72 份、香精 0.5 份、防腐剂和色料适量。

2.液体香波生产工艺

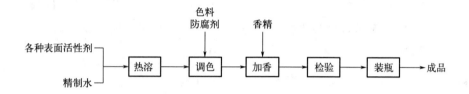

（二）膏状香波

外观呈膏状，具有携带方便、泡沫丰富、去污性好等特点。

1.膏状香波的组成

典型的配方是：十二醇硫酸钠 20 份、硬脂酸 5 份、丙二醇单硬脂酸酯 2 份、椰子油单乙醇酰胺 1 份、氢氧化钠 0.75 份、精制水 70 份、香精 1 份、防腐剂和色料适量。

2.膏状香波生产工艺

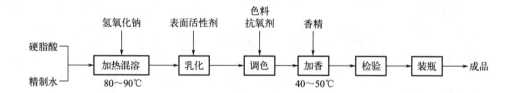

（三）粉末香波

粉末香波亦称粉状洗发剂、洗头粉，制法简单，价格低廉。

1.粉末香波的组成

粉末香波配方：皂粉 37 份、高岭土 20 份、硼砂 22 份、碳酸钠 10 份、碳酸氢钠 10 份、香精 0.5～1 份。

2.粉末香波生产工艺

三、发用化妆品香精

配方1　茉莉发蜡香精

乙酸苄酯	25	卡南加油	5
α-戊基桂醛曳馥基	18	依兰依兰油	5
苯乙醇	17	α-松油醇	2
芳樟醇	7	二氢茉莉酮（10%）	1
邻氨基苯甲酸芳樟酯	5	乙酸对甲酚酯（10%）	1
羟基香茅醛	5		

配方2　薰衣草发蜡香精

薰衣草油	16	树兰油	0.25
杂薰衣草油	9	香根油	1
香柠檬油	6	树兰叶油	0.5
橙叶油	5	茉莉浸膏	1.5
卡南加油	3	甲酸香叶酯	1.5
紫苏油	2	癸醛	0.1
芳樟醇	7	柠檬油	2.25
苯乙醇	5	檀香803	3
甲基紫罗兰酮	3	佳乐麝香	2
羟基香茅醛	5	α-戊基桂醛	2.9
乙酸苄酯	5	乙酸龙脑酯	2
香叶醇	4	香豆素	2
乙酸香叶酯	3		

配方3　玫瑰-薰衣草发蜡香精

薰衣草油	14	芳樟醇	16
橙叶油	7	苯乙醇	10
香柠檬油	8	乙酸芳樟酯	10
香叶油	5	香叶醇	6
卡南加油	2	香茅醇	6
香紫苏油	1	α-松油醇	6

墨红浸膏	2	乙酸松油酯	2
香豆素	2	乙酸龙脑酯	1
乙酸苄酯	2		

配方4　清香-果香发蜡香精

薰衣草油	12	乙酸芳樟酯	14
橙叶油	7	芳樟醇	14
香柠檬油	6	甲基紫罗兰酮	7
甜橙油	2	香紫苏油	2.5
柠檬油	2	香茅醇	4
卡南加油	2	香叶醇	4
玫玫花油	1	α-松油醇	3
女贞醛	1	苯乙醇	3
α-戊基桂醛曳馥基	2	乙酸苄酯	3
甲基壬基乙醛（10%）	2	乙酸龙脑酯	0.5
柠檬醛	2	乙酸香叶酯	2

配方5　茉莉发膏香精

乙酸苄酯	30	香柠檬油	10
柑橘油	8	α-戊基桂醛	15
芳樟醇	10	卡南加油	4
乙酸芳樟酯	7	柠檬油	3
香兰素	3	橙花油香基	5
佳乐麝香	2	灵猫香香基	2
月桂醛（10%）	1		

配方6　玫瑰发油香精

香茅醇	12	愈创木酚	5
四氢香叶醇	11	玫玫叶油	3.5
橙花醇	10	苏合香油	2
玫瑰醇	8	香叶油	2
香叶醇	7	玫瑰油	1.2
乙酸苯乙酯	8	鸢尾浸膏	1
甲基紫罗兰酮	5	墨红净油	1
苯乙酸苯乙酯	4	岩兰草油	1
肉桂醇	3	桂皮油	0.5
二甲基苄基原醇	2	丁香酚	1

苯乙醛二甲缩醛	2	苯乙酸	1
柠檬醛	1	苯丙醇	1
十一烯醛	0.8		

配方 7　栀子发油用香精

异丁香酚	31.5	丙酸甲基苯基原酯	2.7
γ-壬内酯	20	羟基香茅醛	2.7
γ-十一内酯	5	白兰叶油	3.6
乙酸苯乙酯	6.4	卡南加油	2.7
甲基紫罗兰酮	4.5	树兰油	2.25
香豆素	3.7	鸢尾浸膏	0.9
乙酸苄酯	2.7	晚香玉香基	2.7
肉桂酸苯乙酯	2.7	大茴香醇	2.7
乙酰基异丁香酚	2.7	乙基香兰素	1.1
丁香酚	1	乙酸苯丙酯	0.45

配方 8　玫瑰发乳香精

苯乙醇	25	香叶油	8
香叶醇	13	愈创木油	3
香茅醇	10	檀香油	2
玫瑰醇	10	苏合香香树脂	2
芳樟醇	7	昆仑麝香	2
羟基香茅醛	5	肉桂醇	2
乙酸芳樟酯	4	壬醛（10%）	2
乙酸香叶酯	4	癸醛（10%）	1
橙花醇	3	乙酸苯乙酯	1
结晶玫瑰	3	柠檬油	1
甲酸香叶酯	2		

配方 9　茉莉发乳香精

乙酸苄酯	30	柑橘油	6
芳樟醇	15	香柠檬油	4
依兰依兰油	4	α-戊基桂醛	10
香兰素	4	α-己基桂醛	8
乙酸芳樟酯	8	柠檬醛	2
丙酸苄酯	5	苯丙醛	2
异茉莉酮	4		

配方 10　茉莉发水香精

乙酸苄酯	30.0	香柠檬油	15.0
卡南加油	5.0	α-戊基桂醛	10.0
芳樟醇	10.0	柠檬油	4.0
乙酸芳樟酯	8.0	橙花油香基	4.5
灵猫香香基	1.0	α-己基桂醛	5.0
丙酸苄酯	3.0	月桂醛（10%）	1.5
苯丙醛	2.0	酮麝香	1.0

配方 11　玫瑰发水香精

香叶醇	20	香叶油	10
香茅醇	10	香柠檬油	8
玫瑰醇	10	柠檬油	4
苯乙醇	10	酮麝香	2
芳樟醇	6	二苯醚	1
橙花醇	5	苯乙酸（10%）	2
乙酸苯乙酯	5	壬醛（10%）	1
乙酸玫瑰酯	2	十一醛（10%）	3
甲酸香叶酯	1		

配方 12　花香-木香香波香精

苯乙醇	12	薰衣草油	11
昆仑麝香	10	香柠檬油	9
香叶醇	10	香叶油	8
香豆素	4	橙花油	4
α-松油醇	4	广藿香油	4
乙酸芳樟酯	4	迷迭香油	3
乙酸对叔丁基环己酯	3	格蓬油	3
酮麝香	3	香桃木油	2
α-紫罗兰酮	2	岩蔷薇净油	1
橡苔净油	1		

配方 13　金合欢香波香精

大茴香醛	38	橙花素	7
甲基苯乙酮	2	α-戊基桂醛	17
苯乙醇	15	邻氨基苯甲酸甲酯	2
α-松油醇	10	γ-十一内酯	1

肉桂醇	7	十一醇	1

配方 14　玫瑰香波香精

香叶醇	40	芳樟醇	1.5
苯乙醇	9	乙酸香叶酯	3.5
鸢尾油	1	α-紫罗兰酮	4
香叶油	6	酮麝香	0.8
甲酸玫瑰酯	2	香兰素	0.7
橙花素	20	月桂醛	0.2
丁香酚	1	十一醛	0.2
玫瑰油	10	壬醛	0.1

配方 15　馥奇香波香精

薰衣草	15	乙酸芳樟酯	10.5
香柠檬油	15	檀香油	2.8
香叶油	8	安息香香树脂	3.5
茉莉净油	7	当归根油	1.5
玫瑰净油	5	龙蒿油	1.5
橡苔净油	4	广藿香油	1.2
甲基紫罗兰酮	7	水杨酸异丁酯	3.5
香豆素	5	乙酸苄酯	1.8
乙酸茴香酯	4	水杨酸甲酯	0.5
水杨酸戊酯	3	佳乐麝香	3
酮麝香	3	岩兰草油	1

第六节　口腔卫生用品香精

　　牙齿清洁用品已有4000余年的历史。中国古代就是用小动物、乌贼骨磨成粉，作为摩擦剂用以清洁牙齿。现代的口腔卫生用品主要有牙膏、牙粉和含漱水。所用香精有留兰香、薄荷香、茴香、冬青、桉叶、橘子、柠檬、菠萝等。口腔卫生用品属于日用化学品，尽管不是食品，但口腔卫生用品香精所用香料必须是允许在食品中使用的香料（GB 2760《食品安全国家标准　食品添加剂使用标准》），口腔卫生用品香精的安全性要求也按食用香精标准执行（GB 30616《食品安全国家标准　食品用香精》），所配制的香精应具有清凉爽口、防腐消毒、清神醒脑作用。

一、牙膏

牙膏的种类很多,有洁齿牙膏、脱敏牙膏、加酶牙膏、加氟牙膏、儿童牙膏等。

1.牙膏的组成

牙膏的基本组成:粉质摩擦剂(磷酸氢钙、焦磷酸钙、碳酸钙、碳酸镁,40%~50%)、洗涤剂(月桂醇单甘油酯磺酸钠2.5%~3.5%)、胶合剂(羧甲基纤维素钠、海藻酸钠,1%~1.2%)、保湿剂(甘油、丙二醇、山梨醇,25%~35%)、糖精(0.2%~0.3%)、香精(0.5%~1.5%)、水(15%~20%)。根据不同的用途,可以添加少量的防腐剂、单氟磷酸钠、氟化钠、蛋白酶、中草药提取物等。

2.牙膏生产工艺

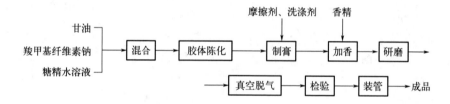

二、牙粉

牙粉的作用与牙膏相同。它的优点是制造简便、成本低。其缺点是使用不方便,香气容易消失。

1.牙粉的组成

牙粉的基本组成:摩擦剂(碳酸钙、碳酸镁、磷酸钙、磷酸氢钙,80%~90%)、洗涤剂(皂粉、月桂醇硫酸钠,5%~10%)、糖精(0.1%~0.2%)、香精(1%~3%)。

2.牙粉生产工艺

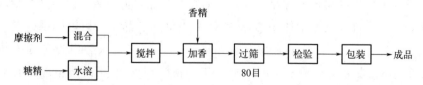

三、含漱水

含漱水的作用在于清洁口腔、掩盖口臭，使口腔有清新舒适感。

1.含漱水的组成

含漱水的基本组成：精制水（70%～75%）、酒精（10%～25%）、甘油（10%～15%）、杀菌剂（安息香酸、硼酸，1%～3%）、乳化剂（0.2%～0.3%）、香精（0.2%～1%）。

2.含漱水生产工艺

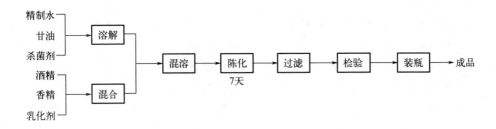

四、口腔卫生用品香精配方例

配方1　薄荷牙膏香精

椒样薄荷油	38.0	肉桂油	1.0
薄荷油	30.0	水杨酸甲酯	20.0
茴香油	5.0	柠檬油	3.0
香兰素	0.5	柑橘油	2.0

配方2　薄荷-留兰香牙膏香精

薄荷油	40	柠檬油	3
薄荷脑	20	香柠檬油	3
留兰香油	20	乙酸芳樟酯	2
薰衣草油	5	异丁香酚甲醚	1
大茴香脑	5	苯乙醇	1

配方3　留兰香牙膏香精

留兰香油	52.0	薄荷脑	30.0
薄荷油	5.0	茴香脑	5.0
柠檬油	5.0	丁香酚	2.0
香叶油	0.5	乙基香兰素	0.5

配方 4　留兰香-薄荷牙膏香精

留兰香油	25.0	薄荷脑	35.0
茴香油	5.0	薄荷油	23.5
冬青油	5.0	橘子油	1.0
桉叶油	5.0	丁香油	0.5

配方 5　橘子牙膏香精

橘子油	50	薄荷脑	25
柠檬油	5	柠檬醛	5
香柠檬油	5	大茴香脑	5
薰衣草油	2	乙酸芳樟酯	3

配方 6　橘子-桂花牙膏香精

甜橙油	25.0	薄荷脑	35.0
橘子油	20.0	桃醛	2.0
柠檬油	15.0	紫罗兰酮	1.5
柠檬醛	1.0	桂花净油	0.5

配方 7　菠萝牙膏香精

薄荷素油	30.0	薄荷脑	34.0
甜橙油	10.0	庚酸乙酯	1.5
丁酸异戊酯	8.0	柠檬醛	1.0
己酸烯丙酯	7.0	香兰素	1.0
环己基己酸烯丙酯	7.0	丁香酚	0.5

配方 8　茴香牙膏香精

薄荷素油	37	薄荷脑	20
大茴香油	20	香叶油	3
冬青油	10	桂皮油	2
丁香油	8		

配方 9　冬青牙膏香精

冬青油	50	薄荷脑	20
薄荷油	12	大茴香脑	3
桉叶油	10	留兰香油	5

配方 10　桉叶牙膏香精

桉叶油	45	冬青油	17
薰衣草油	3	薄荷脑	10
香叶油	5	乙酸松油酯	10

大茴香油	10		

配方 11　薄荷含漱水香精

薄荷油	12	茴香油	3
桂皮油	1	安息香浸剂（10%）	10
大茴香油	2	鸢尾浸剂（10%）	10
紫罗兰油	2	薄荷脑	5
胭脂虫浸剂（10%）	50	玫瑰水	5

配方 12　茴香含漱水香精

大茴香脑	20	玫瑰水	40
薄荷脑	10	薄荷油	10
紫罗兰酮	5	柠檬油	5
桂皮油	5	大茴香油	5

配方 13　百里香酚型洗牙水香精

百里香酚	11	大茴香油	5
薄荷油	8	没药浸剂	50
冬青油	1	乙醇（95%）	925

配方 14　茴香-薄荷洗牙水香精

大茴香脑	15	胭脂虫浸剂（10%）	50
薄荷脑	10	香荚兰浸剂（10%）	5
薄荷油	10	桂皮油	5
柠檬油	5	乙醇（95%）	900

第七节　洗涤用品香精

洗涤用品包括肥皂和洗涤剂两大类。原始的肥皂工业产生于 8 世纪时的北意大利港口萨沃纳。中国的肥皂工业始于 1903 年。合成洗涤剂是在第二次世界大战以后发展起来的。目前，合成洗涤剂工业远远超过了肥皂工业，但香皂具有洗手、沐浴的独特功效，故在洗涤用品市场上仍占有一席之地。

一、香皂

（一）香皂的生产

香皂的生产分两步，第一步是由油脂制成皂基，第二步是由皂基制成香皂。

1.皂基的生产

皂基生产所用原料主要有油脂（牛油、羊油、猪油、棕榈油、糠油）、碱（氢氧化钠、碳酸钠）、盐类（氯化钠、氯化钾）、合成脂肪酸等。

皂基的生产工艺：

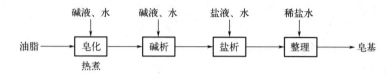

2.香皂的生产

香皂所用主要原料是皂基，其中含水量为 30%～35%，因此欲制造脂肪酸含量80%的香皂，首先必须将皂基进行干燥。香皂所用其它原料有抗氧剂（泡花碱1%～1.5%）、香精（1%～2.5%）、其它添加剂（着色剂、杀菌剂、钛白粉、荧光增白剂、蛋白酶）少许。

香皂生产工艺：

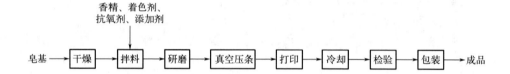

（二）香皂用香精配方

香皂用香精香型非常广泛，花香型、草香型、木香型、麝香型、幻想型香精均可用于香皂中。由于皂类制品碱性较强，变色因素较多，而且接触人体各个部位，在配制皂用香精时应注意以下几点。

① 洗涤用品香精中所使用的香料，要注意对人皮肤、头发和眼睛的安全性，尽量减少刺激性，绝对不能引起过敏和炎症。在被洗涤的物体上，不应产生不良后果。

② 洗涤用品，特别是香皂、肥皂和洗衣粉，往往碱性较强，而且成分也很复杂，容易引起香料变质，特别是引起香料变色的因素很多。一般来讲，在皂中稳定的香原料有醇、酮、醚、内酯、缩醛等。醛在碱中不够稳定，酯易水解，萜易氧化，酸要中和碱，酚和含氮化合物会引起变色，等等。针对香料在洗涤用品中产生的一些问题，有如下改进方法可供参考。

（i）用缩醛来代替醛。醛和醇经缩合反应生成缩醛，香气与母体醛相类似，在碱性介质中比较稳定，同时也减少了醛与其它香料化合物反应的可能性。

（ii）用曳馥基化合物代替醛。醛与氨基化合物缩合，例如醛与邻氨基苯甲酸甲酯脱去一分子水生成曳馥基化合物，香气持久，在碱性介质中也比较稳定。

（iii）用酚醚代替酚。酚类香料化合物在碱性介质中稳定性较差，如果将酚经过甲基化、苄基化生成酚醚以后，则对碱和光的稳定性大大提高。

（iv）大环和多环麝香代替硝基麝香。硝基麝香在碱性介质中容易变色，在洗涤用品香精中不可多用。如果用大环或多环麝香代替，则可减少变色因素。

配方1　玫瑰皂用香精

玫瑰醇	30	雪柏木油	12
紫罗兰酮	10	广藿香油	4
玫瑰油	3	α-戊基桂醛	10
二苯醚	7	香叶油	2
山萩油	1	乙酸苯乙酯	4.5
苯乙醛	4	α-松油醇	1.5
佳乐麝香	3	柠檬醛	1
结晶玫瑰	2	苯乙酸乙酯	0.5
乙酸苄酯	2	肉桂醛	0.5
苯乙醛二甲缩醛	2		

配方2　玫瑰-檀香皂用香精

香叶醇	10	乙酸芳樟酯	2
苯乙醇	5	苯乙酸	1
香茅醇	5	肉桂醛	1
α-松油醇	3	香兰素	0.3
α-紫罗兰酮	3	檀香油	30
柏木油	10	佳乐麝香	2
香叶油	5	乙酸苄酯	2
沉香油	5	广藿香油	3
岩兰草油	2	丁香油	3
岩蔷薇浸膏	0.5	卡南加油	3

苯乙酸对甲酚酯	0.2	柠檬油	2

配方3　茉莉皂用香精

乙酸苄酯	28	玳玳叶油	10
α-松油醇	10	卡南加油	5
芳樟醇	10	苏合香香树脂	5
佳乐麝香	3	α-戊基桂醛	10
α-戊基桂醛曳馥基	5	丁香酚	2
水杨酸戊酯	5	丙酸苄酯	2
α-紫罗兰酮	5		

配方4　茉莉百花皂用香精

乙酸苄酯	17	橙叶油	5
香叶油	4	α-己基桂醛	8
α-戊基桂醛曳馥基	5	卡南加油	4
α-紫罗兰酮	5	广藿香油	3
乙酸苯乙酯	4	芸香浸膏	2
羟基香茅醛	4	茉莉浸膏	2
佳乐麝香	4	白兰浸膏	2
芳樟醇	3	岩蔷薇浸膏	2
乙酸芳樟酯	3	香根油	1
苯乙醇	3	甘松油	1
大茴香醛	2	香豆素	1
水杨酸戊酯	2	β-萘乙醚	1
肉桂醇	2	丙酸苄酯	0.5
异丁香酚	2	丁酸苄酯	0.5
兔耳草醛	2	玫瑰醇	0.4
乙酸苏合香酯	2	苯乙酸对甲苯酯	0.2
水杨酸异丁酯	1	柠檬醛	0.2
酮麝香	1	丁香酚	0.2

配方5　玉兰皂用香精

香叶醇	25	卡南加油	9
α-松油醇	10	香茅油	4
乙酸松油酯	8	柠檬草油	4
α-戊基桂醛	4	芳樟醇	4
乙酸苄酯	5	α-紫罗兰酮	3

肉桂醇	5	麝香 T	2
柠檬醛	1		

配方 6　檀香皂用香精

檀香油	40	香叶醇	10
香叶油	10	香兰素	4
鸢尾油	10	香豆素	4
秘鲁香树脂	10	佳乐麝香	2
岩兰草油	5	广藿香油	2
丁香油	3		

配方 7　琥珀皂用香精

岩蔷薇香树脂	20	香豆素	10
苏合香香树脂	10	苯乙醇	5
玫瑰木油	15	苯乙酸	5
香柠檬油	15	佳乐麝香	3
香叶油	4	海狸香净油	1
橡苔净油	2		

配方 8　紫罗兰皂用香精

香叶醇	3	α-紫罗兰酮	25
乙酸苄酯	10	α-松油醇	3
佳乐麝香	5	柏木油	18
愈创木油	10	丁香油	5
玫瑰草油	4	香柠檬油	4
鸢尾油	4	庚炔羧酸甲酯	1

配方 9　紫丁香皂用香精

苯乙醇	30	苏合香香树脂	10
羟基香茅醛	10	秘鲁香树脂	10
α-松油醇	10	依兰依兰油	2
乙酸苄酯	5	玫瑰木油	2
大茴香醛	3	肉桂酸甲酯	1
邻氨基苯甲酸甲酯	1	兔耳草醛	1
α-戊基桂醛	3	佳乐麝香	3
异丁香酚	1	香叶醇	2

配方 10　三花皂用香精

香叶醇	7.5	甜橙油	10

苯乙醇	6	芳樟醇	6
丁香酚	5	依兰依兰油	3
甲基紫罗兰酮	5	乙酸苏合香酯	1
结晶玫瑰	4	苯甲酸甲酯（10％）	1
水杨酸异戊酯	4	格蓬净油（10％）	1
乙酸松油酯	4	酮麝香	1
大茴香醛	1	二苯醚	1
乙酸芳樟酯	3.5	柑青醛	1
异丁香酚	3	水杨酸苄酯	3
α-松油醇	3	桃醛（10％）	1
兔耳草醛	3	乙基香兰素	1
乙酸柏木酯	2	十一烯醛	1
乙酸肉桂酯	2	乙酰基柏木烯	1
香茅醇	2	甲基壬基乙醛	0.5
肉桂醇	2	苯乙酸	0.5
佳乐麝香	2	月桂醛（10％）	2
二甲基苯酮	2		

二、洗涤剂

市场上销售的洗涤剂花样品种繁多，可以归纳为固体洗涤剂和液体洗涤剂两大类，最常用的是洗衣粉和家庭用液体洗涤剂。

（一）洗衣粉

市售的洗衣粉品种很多，主要有高泡沫洗衣粉、低泡沫洗衣粉、浓缩洗衣粉、加酶洗衣粉、荧光增白洗衣粉、无磷洗衣粉。它们的区别表现在表面活性剂品种、用量和添加剂上，但它们的基本组成和生产工艺没有多大区别。

1.洗衣粉的组成

洗衣粉的基本组成：表面活性剂（烷基苯磺酸钠、脂肪醇硫酸钠、脂肪醇醚硫酸钠、脂肪醇聚氧乙烯醚，15％～30％）、无机盐类（硫酸钠、三聚磷酸钠、硅酸钠、五水偏硅酸钠、碳酸钠、倍半碳酸钠，40％～60％）、羧甲基纤维素钠（1％～2％）、香精（0.1％～0.2％）、特殊要求添加剂（荧光增白剂、酶制剂、消泡剂、消毒剂、皂基，0.1％～1％）。

2.普通洗衣粉生产工艺

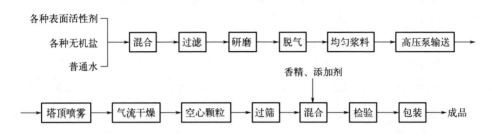

（二）液体洗涤剂

常用的液体洗涤剂有织物洗涤剂、浴用洗涤剂、餐具洗涤剂、食品洗涤剂、卫生间洗涤剂、工业用洗涤剂等。一般织物洗涤剂、浴用洗涤剂都适当加些香精，其它洗涤剂可以不用添加香精。

1.液体洗涤剂的组成

液体洗涤剂的基本组成：表面活性剂（烷基苯磺酸钠、十二烷基硫酸钠、醇醚硫酸钠、椰子油脂肪酸钠、月桂酰基二乙醇胺、十二烷基硫酸三乙醇胺、十二烷基聚氧乙烯醚、壬基酚聚氧乙烯醚，20％～30％）、螯合剂（EDTA-4Na、磷酸三钠，0.2％～1％）、增稠剂（氯化钠、硬脂酸钠、十六醇，1％～2％）、香精（0.1％～1％）、精制水（70％～80％）。

2.液体洗涤剂生产工艺

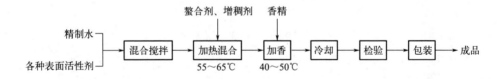

（三）洗涤剂用香精配方例

配方 1　玫瑰洗涤剂香精

香叶醇	30	香叶油	15
苯乙醇	15	愈创木油	6
玫瑰醇	5	广藿香油	2
乙酸玫瑰酯	5	乙酸苯乙酯	3
结晶玫瑰	4	丁酸香叶酯	1

乙酸苯乙酯	4	酮麝香	2
二苯醚	3	α-紫罗兰酮	2
乙酸香叶酯	3	苯乙酸（10%）	2

配方 2　茉莉洗涤剂用香精

乙酸苄酯	45	柑橘油	3
依兰依兰油	1	α-戊基桂醛	20
芳樟醇	16	苄基异丁香酚	3
乙酸芳樟酯	5	乙酸对甲酚酯	2
丙酸苄酯	5		

配方 3　紫罗兰浴液香精

香柠檬油	10	α-紫罗兰酮	35
α-松油醇	20	薰衣草油	10
乙酸松油酯	7	甲基紫罗兰酮	4
芳樟醇	5	麝香 T	2
羟基香茅醛	3	酮麝香	1

配方 4　花香-木香浴液香精

冷杉油	40	α-松油醇	16
偏柏木油	10	芳樟醇	5
松针油	10	乙酸芳樟酯	5
薰衣草油	10	香叶醇	4

配方 5　丁香型浴液香精

α-松油醇	21	依兰依兰油	18
香茅醇	10	卡南加油	7
茴香醛	12	玫瑰油	3
苯乙醇	10	苄醇	3
羟基香茅醛	8	苯乙醛（50%）	2
酮麝香	2		

配方 6　薰衣草浴液香精

乙酸芳樟酯	25	薰衣草油	15
乙酸香叶酯	20	穗薰衣草油	10
乙酸香茅酯	10	香柠檬油	5
乙酸苄酯	5	迷迭香油	3
壬醇	2	芳樟醇	2

配方7　花香-木香洗衣粉香精

柏木油	22	香附油	0.5
广藿香油	4	苯乙酮	0.5
对甲酚甲醚	0.5	檀香208	7
香豆素	1.5	香柠檬油	5
苄醇	2	肉桂腈	5
香茅腈	3	二苯醚	4
芳樟醇	2	α-松油醇	4
α-紫罗兰酮	16	乙酸三环癸烯酯	4
香叶醇	16	麝香T	3

配方8　果香-花香型洗衣粉用香精

苄基丙酮	12	芳樟醇	8
α-松油醇	10	甜橙油	5
香茅腈	8	柑橘油	5
柠檬腈	6	β-萘乙醚	4
乙酸α-松油酯	6	女贞醛	3
乙酸三环癸烯酯	6	香豆素	2
乙酸苯乙酯	5	萨利麝香	3
柠檬醛	4		

配方9　玫瑰-檀香型洗衣粉用香精

苯乙醇	15	柏木油	15
肉桂醇	12	檀香油	5
乙酸香叶酯	10	岩兰草油	5
芳樟醇	8	广藿香油	4
α-松油醇	5	香叶油	3
香豆素	4	岩蔷薇浸膏	2
结晶玫瑰	4	麝香105	2
二苯醚	2	肉桂醛	2
乙酸苄酯	2		

第四章

食品香精及其应用

在人们生活水平不断提高的过程中，人们对食品品质和口味的要求也会随之提高。2020年，我国香料香精行业主营业务收入超过400亿元，其中食品用香料香精的产量及销售额超过香料香精行业总量的三分之一。尽管许多时候一些人混用食用香精和食品香精的概念，但二者还是有很大区别的。食用香精是指加到食品、饲料及食品相关产品中以赋予、修饰改变或提高加香产品香味的产品，泛指所有直接或间接进入人或动物口中的加香产品中使用的香精，包括食品用香精、饲料用香精、接触口腔和嘴唇用香精、药用香精等。其中，食品用香精即通常我们说的食品香精，是食用香精中最主要的一类。食品香精是指由食品用香料和（或）食品用热加工香味料与食品用香精辅料组成的用来起香味作用的浓缩调配混合物，通常不直接用于消费，而是用于食品加工。近年来，随着咸味食品香精的发展，中国趋向于将食品香精分为两大类，即甜味食品用香精（简称甜味食品香精或甜味香精）和咸味食品用香精（简称咸味食品香精或咸味香精）。咸味香精的"咸味"是指一系列与烹调菜肴有关的香味，包括各种肉香味、烟熏香味、蔬菜香味、葱蒜香味、辛香味、脂肪香味、油炸香味、酱菜香味、泡菜香味等其他各种烹调菜肴的香味。

第一节　食用香精的分类和组成

一、食用香精的分类

1.根据用途分类

食用香精根据用途可分为食品用香精、饲料用香精、口腔卫生用品香精、药用香精、餐具洗涤剂用香精、蔬菜水果洗涤剂用香精等。

（1）食品用香精　主要包括用于软饮料、冰制品、糖果、烘烤食品、膨化食品、奶制品、肉制品、豆制品、罐头制品、调味品、快餐食品等的香精。

（2）饲料用香精　专用于各类动物饲料加香的食用香精，如鱼饵香精等。

（3）接触口腔和嘴唇用香精　专门用于接触或有可能接触口腔和嘴唇制品加香的食用香精，如牙膏用香精、漱口水用香精、唇膏用香精等。

本章主要介绍食品香精。

2.根据香型分类

食用香精按香型可分为很多种，主要有：

（1）水果香型　主要包括苹果、香蕉、葡萄、菠萝、草莓、樱桃、桃子、梨子、橘子、柠檬、芒果、甜瓜等香型。

（2）花香型　主要包括玫瑰、茉莉、橙花、紫罗兰、薄荷、留兰香等香型。

（3）坚果型　主要包括杏仁、花生、核桃、桑子、椰子等香型。

（4）豆香型　主要包括可可、咖啡、香荚兰、巧克力等香型。

（5）奶香型　主要包括牛奶、奶油、白脱、乳酪、干酪等香型。

（6）肉香型　主要包括猪肉、牛肉、羊肉、鸡肉、鱼、虾、蟹等香型。

（7）辛香型　主要包括肉桂、月桂、丁香、茴香、百里香、小豆蔻、肉豆蔻、花椒、胡椒、葱、姜、蒜等香型。

（8）其它香型　沙士、香草、焦糖、酱香、菜香、蜜香、可乐等香型。

随着食品工业和香精工业的迅速发展，食用香精的品种越来越多，如近几年新开发的榨菜香精、粽子香精、水饺香精、预制鸡尾酒香精等。尽管这些香精中有的与已有的香精在香型上比较接近，但由于应用的食品差别较大，也逐渐成为一种独立的香型。

3.根据状态分类

（1）液体香精　以液体形态出现的各类香精，包括油溶性液体香精和水溶性液体香精。油溶性液体香精以油类或油溶性物质为溶剂，水溶性液体香精以水或水溶性物质为溶剂。

（2）固体香精　以固体（含粉末）形态出现的各类香精，包括拌和型固体香精和胶囊型固体香精。拌和型是指香气和（或）香味成分与固体（含粉末）载体拌和在一起的香精，胶囊型是指香气和（或）香味成分以芯材的形式被包裹于固体壁材之内的颗粒型香精。

（3）乳化香精　以乳浊液形态出现的各类香精。

（4）浆膏状香精　以浆膏状形态出现的各类香精。

二、食用香精的组成

本书第一章第三节所述香精的四种成分组成法（主香剂、辅助剂、头香剂、定香剂）和香精的三种成分组成法（头香、体香、基香）同样适用于食用香精。此外下面的组成法在指导食用香精调香中也很有参考价值。

1.主体香料

主体香料是在某种食品香精中起主要香味作用的香料。它们的香味与所配制的香精香型一致。如香蕉香精中的乙酸戊酯、丁酸戊酯，橘子香精中的橘子油、甜橙油，奶味香精中的丁二酮，椰子香精中的椰子醛等。常见的一些香精的主体香料列入表 4-1。

表 4-1　常见香精的主体香料

香精名称	主体香料
百里香	百里香酚
爆玉米花	2-乙酰基吡啶、2-乙酰基吡嗪
菠萝	3-甲硫基丙酸甲酯、己酸烯丙酯
薄荷	薄荷脑
草莓	印蒿油、β-甲基-β-苯基缩水甘油酸乙酯
橙子	α-甜橙醛
醋	乙酸乙酯、乙酸
大米	2-乙酰基吡咯啉
大蒜	二烯丙基二硫醚
丁香	丁香酚
番茄	顺-3-己烯醛、顺-4-庚烯醛、2-异丁基噻唑
覆盆子	4-(对羟基苯基)-2-丁酮（覆盆子酮）、印蒿油、β-紫罗兰酮、γ-紫罗兰酮
葛缕子	d-香芹酮
花生	2-甲基-5-甲氧基吡嗪、2,5-二甲基吡嗪
黄瓜	反-2-顺-6-壬二烯醛
茴香	茴香脑、甲基黑椒酚
肉	2-甲基-3-呋喃硫醇、2,5-二甲基-3-呋喃硫醇、甲基 2-甲基-3-呋喃基二硫醚、双(2-甲基-3-呋喃基)二硫醚
酱油	酱油酮
焦糖	呋喃酮、麦芽酚、MCP
咖啡	糠硫醇、硫代丙酸糠酯

香精名称	主体香料
留兰香	l-香芹酮
蘑菇	1-辛烯-3-醇、1-辛烯-3-酮
奶酪	2-庚酮
奶油	丁二酮
柠檬	柠檬醛
葡萄柚	圆柚酮
苹果	乙酸异戊酯、2-甲基丁酸乙酯、己醛
葡萄	邻氨基苯甲酸甲酯
巧克力	5-甲基-2-苯基-2-己烯醛、四甲基吡嗪、丁酸异戊酯、香兰素、乙基香兰素、2-甲氧基-5-甲基吡嗪
芹菜	3-丁基-4,5,6,7-四氢苯酞、3-亚丙基-2-苯并(c)呋喃酮
青香	顺-3-己烯醛
肉桂	肉桂醛
生梨	反,顺-2,4-癸二烯酸乙酯
桃子	$γ$-十一内酯(桃醛)、6-戊基-$α$-吡喃酮
甜瓜	2-甲基-3-(对异丙基苯)丙醛、Z-6-壬烯醛、羟基香茅醛二甲缩醛、2,6-二甲基-5-庚烯醛、2-苯丙醛、2-甲基-3-(4-异丙苯)丙醛
土豆	3-甲硫基丙醛、甲基丙基硫醚、2-异丙基-3-甲氧基吡嗪
香草	香兰素、乙基香兰素
香蕉	乙酸异戊酯
香柠檬	乙酸芳樟酯
杏仁	苯甲醛
杏子	$γ$-十一内酯(桃醛)
烟熏	愈创木酚
芫荽	芳樟醇
洋葱	二丙基二硫醚
椰子	$γ$-壬内酯(椰子醛)
樱桃	苯甲醛、丁酸戊酯、乳酸乙酯、苄醇、茴香醛
圆柚	圆柚酮、1-对蓋烯-8-硫醇
榛子	2-甲基-5-甲硫基吡嗪

2.辅助香料

在食用香精中，如果只使用主体香料，不但香料品种少，而且香味也过于单调，往往需加一些辅助香料配合衬托。辅助香料的选择没有固定限制范围，主要依靠经验进行选择。

3.定香香料

使用定香香料的目的是使食用香精中各种挥发程度不同的香料趋向于均匀，以保持食用香精香味稳定和协调。香兰素、乙基香兰素、丁香油、桂叶油等都是常用食用香精的定香剂。

必须指出，所谓主体香料、辅助香料和定香香料，在不同香精配方中是变化的。例如，香草香精中的主体香料是香兰素，但香兰素本身又是定香香料；橘子油在橘子香精中是主香剂，但在香蕉香精中它又是辅助香料。

在食用香精中，稀释剂是不可缺少的，常用的稀释剂有蒸馏水、酒精、甘油、丙二醇、邻苯二甲酸二丁酯和精制的茶油、杏仁油、胡桃油、色拉油及乳化液等。

第二节　食品用香料

食品用香料是指添加到食品产品中以产生香味、修饰香味或提高香味的物质。食品用香料包括食用天然香味物质、食用天然香味复合物、食品用合成香料、食品用热加工香味料、烟熏食用香味料，一般配制成食品用香精后用于食品加香，部分也可直接用于食品加香。

1.食品用天然香料

通过物理方法或酶法或微生物法工艺，从动植物来源材料中获得的具有香味物质制剂或化学结构明确的具有香味特性的物质，包括食品用天然香味复合物和食品用天然单体香料。

2.食品用合成香料

通过化学合成方式形成的化学结构明确的具有香味特性的物质。

一、食品的香成分

随着有机化合物分离与分析手段的极大进步，国内外食品化学家和分析化学家们对许多食品的香气成分作了系统全面的剖析。这些分析成果，为香料化学家们寻找新型食用香料化合物，配制更加逼真的食用香精，提供了可靠的依据。从全世界范围看，目前允许使用的合成食品香料，大部分是食品的挥发性香成分。全面了解各种食品的挥发性香成分，对于调香是有很大帮助的，但食品调香中绝对不能全部照搬食品香成分分析的结果。一般而言，食品香精配方中所用香料的品种一般只有三五十种，而食品香成分一般有几百至上千种。另外食品的挥发性成分中，大部分对该食品香味没有贡献或贡献不大。因此，对食品香成分分析结果归纳、总结，主要的就是要找出其中对食品香味有重要影响的成分。

随着食品分析的进步，一些在食品中含量甚微的化合物不断被发现，如一些含硫化合物，它们在食品中的含量往往在 $\mu g/kg$ 数量级甚至更低，但由于它们的阈值低、香势强，对食品香味的影响不可忽视，调香时要充分注意。一些典型食品的香成分分析结果摘录如下。

（1）草莓的香成分　乙酸乙酯、乙酸正丁酯、乙酸异戊酯、乙酸正己酯、乙酸-2-己酯、乙酸-2-己烯酯、乙酸苄酯、丁酸乙酯、丁酸正己酯、2-甲基丁酸乙酯、己酸乙酯、己酸己酯、己酸-3-己烯酯、己酸-2-己烯酯、庚酸乙酯、辛酸乙酯、正癸酸乙酯、苯甲酸乙酯、肉桂酸乙酯、己醇、2-己醇、3-己醇、戊醇、异戊醇、2-甲基丁醇、α-松油醇、芳樟醇、龙脑、乙酸、正丁酸、异丁酸、正戊醇、正己酮酸、己酸、水杨酸、肉桂酸、2-庚酮、丙酮、丁二酮、苯乙酮、甲基-4-羟基-3(2H)-呋喃酮、乙醛、糠醛、苯甲醛、2-己烯醛、丙烯醛、γ-癸内酯、δ-己内酯、δ-辛内酯、γ-庚内酯、γ-辛内酯、甲基环戊烷、甲基环己烷、癸烷、苧烯等。

（2）桃子的香成分　甲酸己酯、乙酸甲酯、乙酸乙酯、乙酸己酯、苯甲酸乙酯、乙酸苄酯、苯甲酸己酯、乙酸-2-己烯酯、己醇、2-己烯醇、苄醇、乙酸、异戊酸、己酸、α-吡喃酮、乙醛、苯甲醛、糠醛、γ-己内酯、γ-庚内酯、γ-辛内酯、γ-壬内酯、γ-癸内酯、δ-癸内酯等。

（3）橙子的香成分　乙酸辛酯、乙酸芳樟酯、乙酸香叶酯、乙酸橙花酯、乙酸香茅酯、乙醇、戊醇、壬醇、癸醇、香叶醇、芳樟醇、香茅醇、α-松油醇、橙花醇、苯乙醇、金合欢醇、橙花叔醇、甲酸、乙酸、辛酸、癸酸、邻氨基苯甲酸、香芹酮、乙醛、辛醛、壬醛、癸醛、柠檬醛、香茅醛、橙花醛、香叶醛、月桂醛等。

（4）柠檬的香成分　乙酸芳樟醇、乙酸香茅醇、乙酸橙花酯、乙酸香叶酯、芳樟醇、α-松油醇、香茅醇、橙花醇、香叶醇、异戊醇、癸醇、乙酸、己酸、辛酸、异戊酸、邻氨基苯甲酸、甲基庚烯酮、辛醛、壬醛、癸醛、香茅醛、橙花醛、香叶醛、十一醛、十二醛、柠檬醛等。

（5）菠萝的香成分　甲酸乙酯、乙酸甲酯、乙酸乙酯、乙酸丙酯、丙烯酸乙酯、丁酸甲酯、丁酸乙酯、异戊酸甲酯、戊酸甲酯、乳酸乙酯、异戊酸乙酯、己酸甲酯、异己酸甲酯、己酸乙酯、辛酸甲酯、辛酸乙酯、己酸正戊酯、戊酸乙酯、2-甲基丁酸乙酯、3-甲基丁酸乙酯、甲醇、乙醇、丙醇、异丁醇、戊醇、异戊醇、2-甲基丁醇、芳樟醇、α-松油醇、乙酸、丙酮、丁二酮、甲基丙基酮、2-戊酮、2,5-二甲基-4-羟基-3（2H）-呋喃酮、甲醛、乙醛、糠醛、5-羟基-2-甲基糠醛、γ-己内酯、γ-丁内酯、δ-辛内酯等。

（6）苹果的香成分 甲酸甲酯、甲酸乙酯、乙酸乙酯、乙酸正丁酯、乙酸异戊酯、乙酸正戊酸、丙酸异丁酯、丁酸乙酯、己酸甲酯、正己酸乙酯、2-甲基丁酸乙酯、甲醇、乙醇、异丙醇、正丙醇、异丁醇、丁醇、2-甲基丁醇、异戊醇、仲戊醇、戊醇、己醇、香叶醇、甲酸、乙酸、丙酸、己酸、戊酸、辛酸、乳酸、乙酰丙酸、丙酮、甲基乙基酮、甲基丙基酮、乙醛、丙醛、己醛、2-己烯醛、糠醛等。

（7）香蕉的香成分 乙酸甲酯、乙酸丁酯、乙酸己酯、乙酸-3-甲基丁酯、丙酸戊酯、乙酸戊酯、丁酸戊酯、乙酸乙酯、乙酸异戊酯、异戊酸戊酯、乙酸异丁酯、丁酸异戊酯、甲醇、乙醇、丙醇、丁醇、戊醇、异戊醇、己醇、2-戊醇、乙酸、2-戊酮、己醛、反式-2-壬烯醛、反式-2-顺式-6-壬二烯醛、丁子香酚等。

（8）洋葱的香成分 乙醇、丙醇、丙酮、乙醛、丙醛、2-甲基-2-戊烯醛、4-己烯醛、烯丙醛、甲硫醇、2-羟基丙硫醇、二(2-丙烯)硫醚、二甲二硫、甲基-2-丙烯基二硫、二丙二硫、丙基2-丙烯基二硫、硫化氢、顺式，反式-1-丙烯基丙基二硫、二(2-丙烯)二硫、二(2-丙烯)三硫、二(2-丙烯)四硫、甲基丙基二硫、二甲三硫、二丙三硫、二乙烯基硫醚、二烯丙基硫醚、硫丙醛、2-硫丙烯醛、3-羟基硫丙醛、硫氰酸、2-丙烯酯、3,4-二甲基噻吩、丙硫醇、甲硫代亚磺酸甲酯、丙硫代亚磺酸甲酯、丙硫代亚磺酸丙酯、S-甲基半胱氨酸亚砜、S-丙基半胱氨酸亚砜、环蒜氨酸等。

（9）胡萝卜的香成分 乙酸冰片酯、松油烯-4-醇、α-松油醇、胡萝卜醇、异丁酸、棕榈酸、丁酮、2,3-丁二酮、α-紫罗兰酮、β-紫罗兰酮、β-紫罗兰酮-5,6-环氧化物、乙醛、丙酮醛、丁醛、丁烯醛、2-甲基丁醛、己醛、辛醛、壬醛、癸醛、反式-2-顺式-4-癸二烯醛、细辛脑、肉豆蔻醚、甲硫醇、甲硫醚、胡萝卜碱、吡咯烷、蒎烯、柠檬烯、香芹烯、松油烯、石竹烯、月桂烯、红没药烯、对伞花烃等。

（10）番茄的香成分 乙酸乙酯、乙酸丁酯、乙酸芳樟酯、乙酸香叶酯、癸酸甲酯、水杨酸甲酯、乙醇、丙醇、丁醇、戊醇、己醇、2-甲基丁醇、1-戊烯-3-醇、2-甲基己-3-醇、顺式-3-戊烯-1-醇、2-甲基-3-丁烯-2-醇、2-甲基-2-庚烯-6-醇、1-辛烯-3-醇、芳樟醇、苯乙醇、α-松油醇、乙酸、2-甲基丁酸、癸酸、异戊酸、2-丁酮、2-戊酮、1-戊烯-3-酮、2,3-戊二酮、2-甲基-2-庚烯-6-酮、反式-2-甲基-2,4-庚二烯-6-酮、5,6-环氧紫罗兰酮、反式-2-壬烯-4-酮、2,6-二甲基-2,6,8-十一碳三烯-10-酮、2,6,10-三甲基-2,6,10-十五碳三烯-14-酮、2-甲基四氢呋喃-3-酮、β-紫罗兰酮、苯乙酮、2-羟基苯乙酮、乙醛、2-甲基丙醛、戊醛、2-甲基丁醛、己醛、反式-2-戊烯醛、香茅醛、壬醛、反式-2-壬烯醛、反式-2-己烯醛、反式-2,反式-4-己二烯醛、反式-2-庚烯醛、反式-2,反式-4-庚二烯醛、反式-2,顺式-4-庚二烯醛、反式-2-辛烯醛、肉桂醛、反式-2,反式-4-壬二烯醛、柠檬醛、香草醛、十二醛、苯甲醛、水杨醛、γ-丁内酯、γ-辛内酯、愈创木酚、4-乙基苯酚、丁子香酚、α-蒎烯、苎烯、月桂烯、甲硫醚、二甲二硫、α-甲硫乙醇、异丁基噻唑、3-甲基丁腈、2-甲基吡嗪、2,6-二甲基吡嗪等。

（11）牛奶的香成分　甲酸、乙酸、丙酸、丙酮酸、乳酸、丁酸、C_3-C_9正甲基酮、丁二酮、3-羟基-2-丁酮、3-庚酮、乙醛、乙缩醛、甲醛、丙醛、己醛、苯甲醛、4-顺式庚烯醛、羟甲基糠醛、2-甲基丙醛、2-甲基丁醛、糠醛、甲硫醚、甲硫醇、糠醇、麦芽酚、香兰素、间甲酚、对甲酚、苯酚、苯甲酸甲酯、δ-癸内酯、γ-十一内酯。

（12）加热牛肉的香成分　乙酸乙酯、乙醇、丙醇、戊醇、辛醇、1-辛烯-3-醇、甲酸、乙酸、丙酸、丁酸、己酸、丁二酮、3-羟基-2-丁酮、丙酮、甲醛、乙醛、戊醛、庚醛、辛醛、壬醛、正十五烷、1-正十一碳烯、甲硫醚、二甲二硫、2-甲基噻吩、四氢噻吩-3-酮、乙硫醇、甲硫醇、2-甲基噻唑、苯并噻唑、5,6-二氢-2,4,6-三甲基-1,3,5-三噻嗪、2,4,6-三甲基三噻烷甲硫醛、2-戊基呋喃、二甲基呋喃、三甲基呋喃、5-甲硫基糠醛、2-甲基-3-甲硫基呋喃、4-羟基-5-甲基-3(2H)-呋喃酮、4-羟基-2,5-二甲基-3(2H)-呋喃酮；2-甲基吡嗪、2,3-二甲基吡嗪、2,5-二甲基吡嗪、2,3,5-三甲基吡嗪、2,3,5,6-四甲基吡嗪、2-乙基吡嗪、2-乙基-5-甲基吡嗪、2,5-二甲基-3-乙基吡嗪、吡啶、2-乙基吡啶、2-戊基吡啶、2-乙酰基吡咯、甲胺等。

（13）面包的香成分　乳酸乙酯、丙酮酸乙酯、γ-戊酮酸乙酯、琥珀酸乙酯、氢化肉桂酸乙酯、衣康酸乙酯、二苯乙醇酸乙酯、戊醇、异戊醇、乙酸、丙酸、丁酸、异丁酸、戊酸、异戊酸、己酸、异己酸、辛酸、壬酸、丙酮、甲基乙基酮、甲基丁基酮、乙基丁基酮、丁二酮、3-羟基-2-丁酮、甲醛、乙醛、丙醛、异丁醛、戊醛、异戊醛、2-甲基丁醛、己醛、2-乙基己醛、巴豆醛、丙酮醛、糠醛、羟甲基糠醛。

（14）绿茶的香成分　己烯酸顺式-3-己烯酯、苯甲酸顺式-3-己烯酯、乙酸-α-松油酯、水杨酸甲酯、庚醇、辛醇、壬醇、癸醇、芳樟醇、3,7-二甲基-1,5,7-辛三烯-3-醇、α-松油醇、橙花醇、香叶醇、α-杜松醇、苄醇、α-苯乙醇、糠醇、橙花叔醇、顺式-3-己烯-1-醇、氧化芳樟醇、己酸、辛酸、棕榈酸、乙酸、反式-5-辛烯-2-酮、苯乙酮、反式-3-辛烯-2-酮、香叶基丙酮、α-紫罗兰酮、β-紫罗兰酮、顺式茉莉酮、6-甲基-反式-3-庚烯-2-酮、6-甲基-反式-5-庚烯-2-酮、3,4-二氢-α-紫罗兰酮、壬醛、己醛、苯甲醛、5-甲基糠醛、d-苧烯、α-荜澄茄烯、石竹烯、δ-杜松烯、葎草烯、倍半水芹烯、苯酚、间甲酚、对甲酚、4-乙基愈创木酚、4-乙烯基苯酚、吲哚、2-乙酰吡咯、1-乙基甲酰吡咯等。

（15）咖啡的香成分　甲酸乙酯、乙酸异戊酯、丙酸甲酯、甲酸甲酯、乙酸甲酯、水杨酸甲酯、芳樟醇、2-糠醇、甲醇、乙醇、2-丙醇、戊醇、己醇、乙酸、丙酸、丁酸、异戊酸、甲基丙烯酸、巴豆酸、甲酸、丁酮、3-己酮、环戊酮、2,3-己二酮、丁二酮、丙酮、2-甲基-3-羟基-4-吡喃酮、甲基乙基酮、2-甲基丙醛、3-甲基丙醛、乙醛、丙醛、5-甲基糠醛、3-甲基丁醛、糠醛、愈创木酚、4-乙基愈创木酚、4-乙烯基愈创木酚、2,5-二甲基苯酚、吡嗪、2-甲基吡嗪、二甲基吡嗪、环戊二烯并吡嗪、甲硫醚、甲基乙基硫醚、噻唑、2-糠基甲基硫醚、糠硫醇、二糠基硫醚、甲硫醇、二甲二硫、甲基呋喃、呋喃、糠醛、2,5-二甲基呋喃、丙酸糠酯、γ-丁内酯、γ-戊内酯、吡咯、N-甲基吡咯等。

二、允许使用的食品香料

目前，世界上生产的合成香料有 6000 多种，天然香料 1500 多种。哪些香料可以用于食品，世界各国都有自己的法规。

1.中国食品用香料管理情况

1982 年 11 月 10 日第五届全国人民代表大会常务委员会第 25 次会议通过了《中华人民共和国食品卫生法》，对包括食品用香料在内的食品添加剂的生产、销售、使用和管理等均作了明确的规定。

中国香精香料化妆品工业协会（CAFFCI）成立于 1984 年 8 月，该协会对食品用香料的使用起协调、咨询和建议作用。

中国食品添加剂标准化技术委员会和中国香料香精化妆品标准化技术委员会负责食品用香料使用的审查工作。《食品安全国家标准 食品添加剂使用标准》（GB 2760—2014）由国家卫计委发布，到2014年允许使用和暂时允许使用的食品用香料有1870种，天然香料393种，合成香料1477种，这些香料是中国法定允许使用的食用香料。中国在食品用香料名单确定方面是非常慎重的，只有世界上有两个以上发达国家认可使用的食品用香料中国才会考虑列入GB 2760的食品用香料名单。在中国，食品香精生产中不允许使用GB 2760食品用香料名单之外的食品香料。

2.国外食品用香料管理情况

在全世界范围内，食品香料管理比较权威的机构主要有以下几个。

联合国粮农组织（FAO）和世界卫生组织（WHO）于1962年共同成立了食品法典委员会（CAC）。该委员会下设食品添加剂法规委员会（CCFA）和食品添加剂联合专家委员会（JECFA），这两个委员会是CAC处理一般性政策和合作问题的机构。它们规定的食品添加剂的化学组成、纯度和每日允许摄入量，在国际上具有法律效力。国际食品香料香精工业组织（IOFI）也在积极推动"全球食品香料安全工程"，对于能够安全使用的食品香料要创建一个全球性的、开放的肯定列表。

欧盟食品用香料的管理工作主要由欧洲理事会（COE）和欧洲食品安全局（EFSA）负责，所建议允许使用的食用香料种类在欧洲有效，也可以作为其它国家的参考。

美国食品药品监督管理局（FDA）和美国食品香料与萃取物制造者协会（FEMA），它们所确定的食用香料品种和质量标准在美国有效，也可作为国际上的参考。其中FEMA认可的GRAS物质（一般认为安全的物质）到2022年已公开的有2980种（https：//www.femaflavor.org/）。

日本厚生省所属的食品添加剂公定委员会是日本法定的食用香料管理机构。1960年到1965年间四次在食品添加剂公定书中共允许77种合成香料可以食用，可见日本在这方面管理是非常严格的。

三、食品香料的参考用量

表4-2所提供的数据是部分香料在最终加香食品中的一般建议用量，仅供调香师在创拟食用香精配方时参考，实际应用时必须符合GB 2760的规定。

表4-2　香料在食品中的参考用量（示例）

单位：mg/kg

FEMA编号	香料名称	焙烤食品 Baked Goods	软饮料 Nonalcoholic Beverages	酒类 Alcoholic Beverages	口香糖 Chewing Gum	糖果 Candy	肉制品 Meat Products	奶制品 Milk Products	调味料 Seasonings
2002	乙醛二乙醇缩醛	6.0/120	7.3			39			
2006	乙酸	38	39		60	52			
2028	烯丙基二硫醚						7.0		
2032	己酸烯丙酯	25	7.0		210	32			
2035	烯丙硫醇	1.0	1.2			0.50	0.5		
2055	乙酸异戊酯	120	28		2700	190			
2056	戊醇	24	18			35			
2059	乙酸香叶酯	17	1.6		1.0	15			
2061	α-戊基肉桂醛	4.5	1.3		15	4.0			
2086	大茴香脑	150	11	1400		340			
2099	茴香醇	12	7.4			11			
2147	苄硫醇	0.50	0.52			0.50			
2149	苯乙酸苄酯	4.3	1.3			6.6			5.0
2150	丙酸苄酯	17	4.1		50	19			
2157	龙脑	5.1	1.0		0.30	3.7			
2221	正丁酸	32	5.5			82		18	
2229	莰烯	27	50			160			

续表

FEMA编号	香料名称	焙烤食品 Baked Goods	软饮料 Nonalcoholic Beverages	酒类 Alcoholic Beverages	口香糖 Chewing Gum	糖果 Candy	肉制品 Meat Products	奶制品 Milk Products	调味料 Seasonings
2245	香芹酚	120	26		37	92			
2252	β-石竹烯	27	14		200	34			
2286	肉桂醛	180	9.0		4900	700	60		
2303	柠檬醛	43	9.2		170	41			
2307	香茅醛	4.7	4.0		0.30	4.5			
2341	枯茗醛	4.0	3.1		0.50	4.0			
2360	γ-癸内酯	7.1	2.0			5.7			
2362	癸醛	6.6	2.3		0.60	5.7			
2365	1-癸醇	5.2	2.1		3.0	5.2			
2379	二氢香芹醇	50	84	500	250	50			
2465	1,8-桉叶素	3	0.13			15			
2467	丁子香酚	33	1.4		500	32	40/2000		
2478	金合欢醇	1.7	0.76			1.4			
2489	糠醛	17	4.0	10		12			
2493	糠基硫醇	2.1	0.35			2.0			
2507	香叶醇	11	2.1		2.0	10			
2532	愈创木酚	0.75	0.95			0.96			

续表

FEMA编号	香料名称	焙烤食品 Baked Goods	软饮料 Nonalcoholic Beverages	酒类 Alcoholic Beverages	口香糖 Chewing Gum	糖果 Candy	肉制品 Meat Products	奶制品 Milk Products	调味料 Seasonings
2557	己醛	4.2	1.3		3.0	3.6			
2583	羟基香茅醛	10	3.5			9.4			
2594	α-紫罗兰酮	6.7	2.5		3.9	12			
2597	α-鸢尾酮	5.4	1.2		1.4	4.1			
2656	麦芽酚	30	4.1		90	31			
2665	薄荷醇	130	35		1100	400			
2682	邻氨基苯甲酸甲酯	20	16	0.2		56			
2745	水杨酸甲酯	54	59		8400	840			
2747	3-甲硫基丙醛	0.66	0.35			0.1	1.9		
2770	橙花醇	19	1.4			16			
2780	2,6-壬二烯-1-醇	0.01	0.01	0.01		0.03			
2781	γ-壬内酯	55	11		15	33			
2789	壬醇	1.9	0.70		18	2.0			
2805	1-辛烯-3-醇	6.0	0.20		6.0	2.0			
2857	乙酸苯乙酯	5.6	1.4			4.2			
2858	苯乙醇	16	1.5		25	12			
2902	α-蒎烯	160	20			48			20

续表

FEMA 编号	香料名称	焙烤食品 Baked Goods	软饮料 Nonalcoholic Beverages	酒类 Alcoholic Beverages	口香糖 Chewing Gum	糖果 Candy	肉制品 Meat Products	奶制品 Milk Products	调味料 Seasonings
2980	玫瑰醇	8.1	2.0		31	7.6			
2996	朗姆醛（乙醇氧化水合物）	230	67	80/1600	380	320			
3004	水杨醛	6.30	0.55	5.0		1.80			
3019	β-甲基吲哚	0.80	0.75			0.78			
3045	α-松油醇	19	5.4		40	14			
3066	百里香酚	5.0/6.5	2.5/11		100	9.4			
3093	2-十一酮	3.1	2.8			2.6			
3102	异戊酸	5.5	1.2			12		2.4	
3107	香兰素	220	63		270	200			
3126	2-乙酰基吡嗪	5.0	5.0						
3135	反-2-反-4-癸二烯醛	10.0	10.0			10.0	10.0		
3146	二糠基二硫醚	1.0	1.0		1.0	1.0	1.0	1.0	
3149	2-乙基-3，(5 或 6)-二甲基吡嗪	5.0	5.0			5.0	2.0	1.0	
3166	圆柚酮	10.0	10.0			10.0			
3174	4-羟基-2，5-二甲基-3(2H)-呋喃酮	10.0				10.0			
3196	茉莉酮		10.0			10.0			
3202	2-乙酰基吡咯		50.0			50.0			

续表

FEMA编号	香料名称	焙烤食品 Baked Goods	软饮料 Nonalcoholic Beverages	酒类 Alcoholic Beverages	口香糖 Chewing Gum	糖果 Candy	肉制品 Meat Products	奶制品 Milk Products	调味料 Seasonings
3237	2,3,5,6-四甲基吡嗪	5.0	5.0			5.0	10.0	5.0	
3238	二糠基硫醚	1.0	1.0			1.0	1.0	1.0	
3244	2,3,5-三甲基吡嗪	5.0	5.0		1.0	5.0	2.0	1.0	
3275	二甲基三硫醚	1.0					1.0		1.0
3281	2-乙基吡嗪	10.0	10.0			10.0	10.0	10.0	
3282	硫代乙酸乙酯	1.0	1.0			1.0	1.0	1.0	
3293	α-当归内酯	4.0				2.0	2.0		
3295	DL-异亮氨酸	50.0	50.0				50.0	50.0	
3309	2-甲基吡嗪	10.0	10.0			10.0	10.0	10.0	
3310	硫代丁酸甲酯	7.0	0.0005			0.5			
3317	2-戊基呋喃	3.0	3.0			3.0	3.0	3.0	
3321	5,6,7,8-四氢喹喔啉	2.0	5.0			5.0	0.2	1.0	
3325	2,4,5-三甲基噻唑					2.0	6.0		6.0
3328	2-乙酰基噻唑		0.2		0.6	1.4			
3331	红没药烯	5.0		3.0		5.0			
3386	吡咯	3.0	3.0			3.0	3.0		
3391	3-乙酰基-2,5-二甲基呋喃	2.0	1.0			1.5	1.0	0.6	

续表

FEMA编号	香料名称	焙烤食品 Baked Goods	软饮料 Nonalcoholic Beverages	酒类 Alcoholic Beverages	口香糖 Chewing Gum	糖果 Candy	肉制品 Meat Products	奶制品 Milk Products	调味料 Seasonings
3408	二氢茉莉酮酸甲酯	1.0	1.0			1.0			1.0
3420	β-突厥酮	0.2	0.2		0.2	0.2			
3424	3-乙酰基吡啶	3.0	2.0			3.0			
3460	dl-异薄荷酮				600				
3461	2-异丙基苯酚						3.0		2.0
3470	喹啉	3.0	1.0				2.5		
3472	硫代香叶醇	0.03	0.002						
3476	双(2,5-二甲基-3-呋喃基)二硫醚	0.1					0.1		
3477	2,3-丁二硫醇	0.2					0.2		
3480	邻甲酚						0.5		0.5
3487	乙基麦芽酚	152	12.4	18.6	83	27.9	19.6		
3495	1,6-己二硫醇	0.2					0.2		
3512	2-甲基四氢噻吩-3-酮	1.0	0.5					0.5	
3530	间甲酚	1.0					0.5		
3536	二甲基二硫醚	16.9	4.8	2.0			2.2		
3539	罗勒烯(3,7-二甲基-1,3,6-辛三烯)	15.2	2.3	4.0					
3549	6-羟基二氢苯螺烷		0.05						

续表

FEMA编号	香料名称	焙烤食品 Baked Goods	软饮料 Nonalcoholic Beverages	酒类 Alcoholic Beverages	口香糖 Chewing Gum	糖果 Candy	肉制品 Meat Products	奶制品 Milk Products	调味料 Seasonings
3557	紫苏醛	4.5	4.0	6.0			20.0		
3558	α-松油烯	21.5	12.0	10.0			20.0		
3563	对盖-3-烯-1-醇	30.0	10.0				10.0		
3564	β-松油醇	47.5	14.6	10.0					
3569	2-甲基-3(或5,或6)-乙氧基吡嗪	0.5	0.5						
3573	甲基-2-甲基-3-呋喃基二硫醚("719")						0.5	3.0	
3575	4-甲基辛酸						0.15		
3589	间苯二酚	15.0					5.0		10.0
3599	愒格酸,反-2-甲基-2-丁烯酸	1.5	10.0				10.0		
3607	丙基-2-甲基-3-呋喃基二硫醚("丙基719")	0.5					0.5		
3615	噻唑				10.0		5.0		
3658	1,4-桉叶油素	12.14	9.21	4.71	25.0	50.0	8.29		5.0
3659	α-葵厥酮		0.5	0.5	0.5	0.5			
3700	1-对盖烯-8-硫醇		0.001		0.004	0.002			
3716	4-甲基噻唑	5.0		5.0	5.0	5.0	5.0		
3745	茉莉内酯	3.0	3.0	5.0	15.0	10.0		2.0	
3746	氧化芳樟醇	11.25	3.86	6.75					
3750	桂花净油		0.03		2.0	0.4		0.2	

续表

FEMA编号	香料名称	焙烤食品 Baked Goods	软饮料 Nonalcoholic Beverages	酒类 Alcoholic Beverages	口香糖 Chewing Gum	糖果 Candy	肉制品 Meat Products	奶制品 Milk Products	调味料 Seasonings
3763	二氢茉莉酮		2		85	13			
3764	薄荷内酯		1		20	5			
3765	乙酸桃金娘烯酯				31	30			
3766	反-2-反-6-壬二烯醛	0.02	0.5						
3774	茶香螺烷[1-氧杂螺烯-(4,5)-2,6,10,10-四甲基-6-癸烯]				20	3			620
3826	2,5-二羟基-1,4-二噻烷	0.02/7.5					0.02/2		
3830	(E)-3,7-二甲基-1,5,7-辛三烯-3-醇	0.02/8	0.05/0.5	0.2/2	5/50	0.5/5	0.02/2	0.2/2	
3831	1,4-二噻烷								20
3876	硫代乙酸甲酯	0.1/5	0.1/5				0.1/5	0.1/5	100/1000
3949	2-甲基-3-甲基硫基呋喃("M030")	0.02/0.2					0.05/0.5		0.05/0.5
4015	吡嗪	1/5	0.3/1.5	0.6/3		1/5		0.3/1.5	
4023	香兰素赤藓和赤-2,3-丁二醇缩醛	200/400	60/120	60/120	250/500	150/280		60/120	
4044	愈创木香叶酯		20	20	100	100		50	
4053	对盖3,8-二醇(对-3,8-薄荷烷二醇)		5/25	5/25	75/150	30/100			
4060	2,3-辛酮	20	8/16	8/16	16/32	16/32	8/16	8/16	8/16
4063	2-丙酰基-1-吡咯啉	60/300	1.2/12	6/50	60/300	10/50	10/50	10/50	10/50
4064	2-丙酰基-2-噻唑啉	0.4/1	0.01/0.08	0.04/0.2	0.04/1	0.08/0.8	0.04/0.4	0.02/0.08	0.08/0.8
4288	4-氨基丁酸(γ-氨基丁酸)	50/300	20/100	30/200	100/500	40/300	20/200	30/100	

第三节　食品香精的生产

一、食品香精配方的拟定

食品香精是由各种香料与辅助原料按一定比例和适当的程序调配的。调配没有一定的公式，调香师的经验起着很大的作用，其调配程序大体如下：

① 根据加香产品的要求，确定香精的形态、香型和档次，以便选择适当的香料和辅助原料。

② 根据加香产品香型的要求，选择香精的主体香料，将天然的和合成的主体香料按一定比例混合。构成食品香精的主体香料混合物简称为主体。

③ 香精的主体配合好之后，加入相应的协调剂，使香味在幅度和深度上得到扩展，使香味更令人满意。为了得到一定的香味保留性，再适当加入一些定香剂。经过一定时间的放置圆熟，就制得食品香精的基本香型混合物，此基本香型混合物称为香基。

④ 将香基用稀释剂稀释后，经进一步加工处理，就可制成水溶性香精、油溶性香精、乳化香精或粉末香精。

二、水溶性食品香精的生产

1.溶剂和原料

最常用的溶剂是蒸馏水和95％食用酒精，有时也用少量的丙二醇或丙三醇代替部分乙醇作溶剂，溶剂用量一般为90％～95％。

水溶性食品香精大部分为水果香型香精，其主要香原料为酯类香料，同时使用一些其它种类的合成香料和天然香料。在配制水果香型水溶性香精时，橘子、橙子、柚子、柠檬等柑橘类精油往往是不可缺少的，但由于在柑橘精油中含有大量的萜烯类化合物，为了提高它在水中的溶解度，必须进行除萜处理，用除萜处理后的柑橘精油配制的水溶性香精，溶解度较好，外观透明，性质稳定，香气浓厚。去萜不良的香精会出现浑浊现象。

2.水溶性香精生产工艺

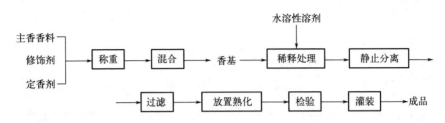

3.水溶性食品香精的应用

食品用水溶性香精一般是透明的液体，其色泽、香气、香味、澄清度均应符合标准。不出现液面分层或浑浊现象。在蒸馏水中的溶解度约为 0.10％～0.15％（15℃），对 20％乙醇的溶解度为 0.20％～0.30％（15℃）。在 15～30℃下密闭贮存为宜。

食品用水溶性香精主要应用于汽水、果汁、果子露、果冻、冰棒、冰淇淋、酒制品中。用量一般为 0.05％～0.15％。

4.水溶性食用香精配方例

配方 1　玫瑰香精

香叶油	1	甲基紫罗兰酮（10％）	0.5
苯乙醇	7	杨梅醛（10％）	0.1
香茅醇	0.5	柠檬醛（10％）	0.2
乙酸苯乙酯	0.5	苯乙醛（50％）	0.05
丁香香叶酯	0.1	丙三醇	15
苯乙酸苯乙酯	0.05	酒精（95％）	43
蒸馏水	32		

配方 2　柠檬香精

柠檬醛	0.5	橘子油（除萜）	5
月桂醛	0.01	柠檬油（除萜）	1
乙酸乙酯	1	乙酸芳樟酯	0.02
酒精（95％）	80	蒸馏水	13

配方 3　橘子香精

柠檬醛	0.1	广柑油（除萜）	10
癸醛	0.01	甜橙油	5
丙三醇	5	蒸馏水	35

161

酒精（95%）　　　　　　60

配方 4　苹果香精

甲酸戊酯	0.67	香叶油	0.02
乙酸乙酯	1.2	丁香油	0.05
丁酸戊酯	1.11	凤梨醛	0.02
戊酸乙酯	1.11	柠檬醛	0.05
戊酸戊酯	5.55	苯甲醛	0.09
香兰素	0.11	酒精（95%）	60
蒸馏水	30		

配方 5　香蕉香精

乙酸乙酯	0.375	乙酸丁酯	1.5
甜橙油	0.75	丁香油	0.225
乙酸戊酯	8.25	橙叶油	0.075
丁酸乙酯	1.5	香兰素	0.075
丁酸戊酯	2.25	丙三醇	5
蒸馏水	15	酒精	75

配方 6　樱桃香精

甲酸戊酯	0.3	甜橙油	0.3
乙酸乙酯	2.1	橙叶油	0.06
乙酸戊酯	0.3	丁香油	0.18
丁酸乙酯	0.48	香兰素	0.18
丁酸戊酯	0.84	桂醛	0.03
庚酸乙酯	0.12	苯甲醛	0.48
苯甲酸乙酯	0.24	桃醛	0.01
茴香醛	0.06	丙三醇	5
酒精（95%）	62	蒸馏水	27

配方 7　桃子香精

乙酸乙酯	4.12	橘子油	2.5
乙酸戊酯	2.5	香柠檬油	0.05
丁酸乙酯	1.75	橙叶油	0.1
丁酸戊酯	4.25	丁香油	0.12
丁酸香叶酯	0.05	桃醛	3.75
庚酸乙酯	0.12	香兰素	0.25
丙三醇	10	苯甲醛	0.38

| 酒精（95%） | 65 | 桑椹醛 | 0.05 |

配方8　生梨香精

丁酸乙酯	5	2-甲基丁酸乙酯	1
乙酸乙酯	3	橙叶油	0.5
乙酸异戊酯	2	香兰素	0.2
庚酸乙酯	0.2	蒸馏水	10
甜橙油	1	酒精（95%）	70
丁香酚	0.1		

配方9　草莓香精

乙酸乙酯	4	紫罗兰酮	0.05
丁酸乙酯	1	甜橙油	0.1
苯甲酸乙酯	0.5	香兰素	0.2
桂酸甲酯	0.1	桂醛	0.05
丁酸异戊酯	1.5	酒精（95%）	63
乙酸异戊酯	1	蒸馏水	15

配方10　菠萝香精

乙酸乙酯	1.04	香柠檬油	0.06
乙酸戊酯	0.6	柠檬烯	0.3
丁酸乙酯	0.72	凤梨醛	1.2
丁酸戊酯	1.8	香兰素	0.03
庚酸乙酯	0.72	柠檬醛	0.02
丁酸香叶酯	0.06	酒精（95%）	62
蒸馏水	32		

配方11　甜瓜香精

甲酸乙酯	2	柠檬油	1
丁酸戊酯	3	苯甲酸苄酯	1
戊酸乙酯	4	邻氨基苯甲酸甲酯	0.2
戊酸戊酯	3	杨梅醛	0.2
壬酸乙酯	1.5	茴香醛	0.1
桂酸甲酯	1	苯乙醛	0.2
桂酸苄酯	1	香兰素	0.5
蒸馏水	300	丙三醇	531

三、油溶性食品香精的生产

1.溶剂和原料

常用的溶剂有精制茶油、杏仁油、胡桃油、色拉油、甘油和某些二元酸二酯等高沸点稀释剂，其耐热性比水溶性香精高。

油溶性食品香精的原料比水溶性食品香精广泛，各种允许食用的天然香料和合成香料都可以使用。

2.油溶性食品香精生产工艺

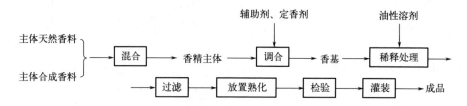

3.油溶性食品香精的应用

油溶性食品香精一般是透明的油状液体，其色泽、香气、香味与澄清度均应符合标准，不呈现表面分层或浑浊现象。

油溶性食品香精适用于糖果、巧克力、糕点、饼干等食品的加香。在糖果中用量一般为 0.05%～0.1%，面包中用量一般为 0.01%～0.1%，饼干、糕点中用量一般为 0.05%～0.15%。

4.油溶性食品香精配方例

配方 1　油溶性玫瑰香精

香叶油	4.5	芳香醇	0.5
苯乙醇	10	橙花醇	3
香叶醇	6	苯甲醛	0.1
乙酸香叶酯	0.5	乙酸己酯	0.05
柠檬醛	1	辛醛	0.02
丁香酚	0.3	植物油	74.03

配方 2　油溶性桂花香精

桂花净油	0.5	壬醛	0.2
β-紫罗兰酮	1.0	苯乙醇	2.0
芳樟醇	0.2	植物油	96.0
橙花醇	0.1		

配方 3　油溶性葡萄香精

乙酸乙酯	25.0	甜橙萜	3.0
乙酸异戊酯	2.5	草莓醛	0.2
丁酸乙酯	3.0	乙基香兰素	0.3

丁酸异戊酯	5.5	麦芽酚	0.1
苯甲酸乙酯	3.0	香叶油	0.7
水杨酸甲酯	3.0	橙叶油	3.0
桂酸乙酯	1.5	丁香油	0.7
邻氨基苯甲酸甲酯	22.5	植物油	25.7
甲基紫罗兰酮	0.3		

配方 4　油溶性椰子香精

椰子醛	10.0	苯甲醛	0.5
γ-戊内酯	2.0	香兰素	2
丁香油	0.3	植物油	85.2

配方 5　油溶性菠萝香精

丁酸乙酯	12.00	丁酸香叶酯	0.25
庚酸乙酯	1.00	香兰素	0.25
丁酸戊酯	5.50	凤梨醛	0.50
乙酸戊酯	3.00	橙叶油	0.75
甜橙油	1.00	植物油	76.00

配方 6　油溶性杏仁香精

苯甲醛	30	α-紫罗兰酮	10
庚酸乙酯	10	桃醛	1
甜橙油	1	香兰素	1
茶油	45		

配方 7　油溶性生梨香精

乙酸乙酯	20.0	乙酸异戊酯	12.0
丁酸乙酯	12.0	香柠檬油	4.5
2-甲基丁酸乙酯	0.5	橙叶油	1.5
庚酸乙酯	0.5	乙基香兰素	1.5
丁香酚	0.5	植物油	40.4
桃醛	0.5	丁二酮（10％）	0.1
甜橙油	6.0		

配方 8　油溶性杨梅香精

乙酸乙酯	3.00	杨梅醛	5.00
乙酸异戊酯	2.00	桃醛	0.20
乙酸苄酯	0.50	十九醛	0.30
酸乙酯	4.00	紫罗兰酮	0.50

丁酸戊酯	1.50	麦芽酚	0.03
桂酸甲酯	0.10	戊酸乙酯	0.50
邻氨基苯甲酸甲酯	0.02	植物油	82.50
水杨酸甲酯	0.30		

配方 9　油溶性桑子香精

乙酸乙酯	3.0	桑椹醛	2.0
乙酸戊酯	2.0	杨梅醛	0.2
乙酸苄酯	0.1	丁酸乙酯	2.0
香兰素	0.5	紫罗兰酮	0.2
丁香油	0.1	甲基紫罗兰酮	0.1
酒精（95％）	32.3	丙三醇	60.0

四、乳化食品香精的生产

乳化食品香精国外在 20 世纪 60 年代已有产品出售，而中国生产乳化香精生产比国外晚大约 20 年。目前，乳化香精已经发展成为食品香精的重要一类。

（一）影响乳化香精稳定性的主要因素

1.分散相（油相）粒子大小的影响

乳化香精，香是核心，乳化是基础，水乳交融是特点。乳化香精属于水包油型（O/W）的乳状液体，即分散相（内相）为油相，连续相（外相）为水。乳化液体是一种热力学不稳定体系。内相经机械作用分散后，增加了表面自由能，内相有相互聚集降低表面自由能的趋势。另一方面，分散的小颗粒的布朗运动作用，促使其向浓度均匀的方向扩散，形成一个稳定的不平衡的体系。控制分散相（油相）粒子的大小，是配制乳化香精的技术关键。

实践证明，在乳化液中，控制分散相（油相）粒子的大小是非常重要的。当分散相粒子的直径大于 $2\mu m$ 时，观察到的溶液为两相分离；分散相粒子的直径为 $1\sim2\mu m$ 时，观察到的溶液为乳白色；分散相粒子的直径为 $1\sim0.1\mu m$ 时，溶液为蓝白色；分散相粒子的直径为 $0.1\sim0.05\mu m$ 时，溶液呈半透明体；分散相粒子的直径为 $0.05\mu m$ 以下时，溶液则转为透明澄清液。从斯托克斯定律出发，分散粒子越小越好，但对乳化香精来说，还应当考虑天然浑浊感的问题。粒子大于 $1.2\mu m$ 的乳化香精，乳化稳定性会下降；粒子小于 $0.1\mu m$ 的乳化香精，用于饮料中反而会没有浊度。在通常情况下，粒度在 $0.5\sim1.2\mu m$ 之间，能够产生最佳的乳浊液的效果。乳化香精中分散相（油相）粒子的大小主要用均质设备来控制。

2.油性相对密度与水相相对密度的影响

乳化香精主要用于橘子、柠檬香型汽水或可乐型汽水中，其用量为 0.1%左右。汽水的糖度一般是 12°～13°（Brix），糖水的相对密度为 1.04～1.05。一般的橘子油、甜橙油的相对密度在 0.84～0.86，高浓度的甜橙油的相对密度为 0.86～0.89。

根据上述数据不难看出，如果不对油相的相对密度进行调整，由于油相相对密度远小于水相相对密度，所配制的乳液香精稳定性不佳。实验和经验证明，分散相（油相）的相对密度调节在 1.01～1.03 之间乳化香精的稳定性最好。

为了得到比较稳定的乳化香精，分散相（油相）的相对密度比饮料糖水的相对密度低 0.02 左右为好。为了增加分散相（油相）的相对密度，则要求增重剂与其它原料的调配比例应得当。目前，在分散相（油相）中常用的增重剂有醋酸异丁酸蔗糖酯、松香酸甘油酯、达玛酸和溴化植物油。溴化植物油相对密度大，但作为食用易引起肝癌，美国限用在 15mg/kg 以下，中国禁用。

3.水相黏度的影响

水相的黏度对乳化稳定性有一定影响。水相黏度适当增大，不易出现油水分离现象，有利于体系的稳定。但黏度的大小与乳化剂、增稠剂的用量有直接关系，不是越黏越好，比例应得当。黏度过大会带来加工上的困难和使用上的不便，外观也会受到一定影响。

4.乳状液粒子电位差（电势）的影响

在乳化溶液中，连续相（水相）和分散相（油相）相对运动时，其切面与分散相（油相）内部具有一定的电位差（电势），乳化香精整个体系是笼罩在微观的电场中。当电位差数值大于 $-31mV$，保持在 $-80～-100mV$ 之间时，乳化香精体系则比较稳定。乳化香精中水的用量占相当大的比例，水质的好坏直接影响阴离子体系的稳定性。硬水中钙、镁、铝、铁等金属阳离子的存在，会直接破坏乳状液体的双电层结构，水中金属离子的价数越大，对阴离子分散体系的稳定性影响也就越大。因此，水质对乳化香精的稳定性影响值得注意。通常应采用蒸馏水或去离子水。

5.HLB 值的影响

HLB 值，即亲水亲油平衡值。HLB 值低，表示亲油性强，亲水性弱；

HLB 值高，表示亲水性强，亲油性弱。HLB 值对乳液中粒子表面薄膜形成有直接影响。为了得到稳定的乳化溶液，一般要求 HLB 值在 8～18 之间为宜。可用乳化剂来调节 HLB 值。

在乳化香精中，有时用 HLB 值低的亲油性乳化剂，如丙二醇脂肪酸酯、丙三醇脂肪酸酯、山梨糖醇酐脂肪酸酯等。有时也用 HLB 值高的醋酸异丁酸蔗糖酯（SAIB）。亲水性乳化剂和亲油性乳化剂也可以同时使用，再添加一种或数种增稠剂可获得较稳定的乳化香精。

（二）乳化香精分散相组成

分散相，亦称内相或油相，主要由芳香剂、增重剂、抗氧化剂组成。

1.芳香剂

苹果、香蕉、菠萝、桃子、梨子、草莓等香型的食品香精，其所用香料大部分是合成香料，用乙醇、丙二醇、甘油等配成水溶性或油溶性香精即可，一般不用配成乳化香精。乳化香精主要用于橘香、橙香、柠檬香及可乐香型的香精。

乳化香精中的芳香剂，亦可称为香基，是由柑橘类精油和醛、酮、醇、酯等合成香料调配而成的。芳香剂一般占乳化香精质量的 5%～7%。

2.增重剂

为了使油相的相对密度与水相相对密度接近，在油相中应添加增重剂，常用的增重剂介绍如下。

（1）醋酸异丁酸蔗糖酯（SAIB）　俗称蔗糖酯。化学名称为二醋酸六异丁酸蔗糖酯。相对密度 1.146。限制用量为 0.4g/L，使用时用 10%柑橘油溶解。常做增重剂和乳化剂。

（2）松香酸甘油酯（ester gum）　俗称酯胶。目前市场上有氢化酯胶和非氢化酯胶两种产品。相对密度 1.0～1.16。不溶于水，微溶于乙醇中，溶于苯、甲苯、橘油、松节油中。常做增重剂和乳化剂。

（3）达玛胶（damar gum）　达玛胶是达玛醇和达玛酸的天然树脂的酸性聚合物。相对密度 1.05～1.08。抗氧化能力强，并显示出良好的浊度。

（4）溴化植物油（BVO）　BVO 包括溴化芝麻油、溴化橄榄油、溴化玉米油、溴化棉籽油等。相对密度 1.33。其优点是相对密度大，用量少。但因其含有致癌因素，国外限用，国内禁用。

3.抗氧化剂

在油相中，常用的抗氧化剂有以下几种。

（1）丁基羟基茴香醚（BHA）　BHA 实际上是 3-叔丁基-4-羟基茴香醚和 2-叔丁基-4-羟基茴香醚的混合物。白色至微黄色结晶粉末。熔点 48～63℃。不溶于水，易溶于乙醇、丙二醇和油脂类。除具有抗氧化作用外，还有很强的抗氧微生物作用。一般用量为 0.01%～0.02%。

（2）二丁基羟基甲苯（BHT）　BHT 化学名称为 2,6 二叔丁基对甲基苯酚。白色结晶粉末。熔点 69.5～71.5℃。不溶于水和甘油中，溶于乙醇、油脂及有机溶剂中。使用量为 0.01%～0.02%。

（三）乳化香精连续相组成

连续相，亦称为外相或水相。主要由乳化剂、增稠剂、防腐剂、pH 调节剂、调味增香剂、色素和水等组成。

1.乳化剂

乳化剂具有降低分散相粒子的表面自由能（表面张力）的作用。使分散相容易被机械碾细，在油粒子表面形成保护膜，防止油粒子之间重新凝集，使油及水分散均匀，形成稳定的、均匀的乳液体系。

乳化香精是一种油水型乳液，所用的乳化剂应具有水溶性。常用的水溶性乳化剂有阿拉伯树胶、变性淀粉、司盘、吐温、树胶 B（Gum-B）、树胶 5（Gum-5）等。

（1）阿拉伯树胶（Arabic gum）　阿拉伯树胶，亦称阿拉伯胶、金合欢胶。它是由豆科金合欢属的阿拉伯树干伤口的渗出物加工制取的，为黄色至浅黄褐色半透明块状物。相对密度 1.35～1.49。易溶于水形成清晰而胶黏的液体。阿拉伯树胶本身也是增稠剂和稳定剂。

（2）变性淀粉（modified starch）　变性淀粉一般分为化学变性（酸化淀粉、氧化淀粉、酯化淀粉、醚化淀粉、降解淀粉、交联淀粉、糊精）、物理变性（直链淀粉、预胶凝淀粉）和酶变性（环状糊精）等三大类。

（3）山梨醇酐脂肪酸酯（Span）　在食品乳化香精中应用的山梨醇酐脂肪酸酯属于水包油型、非离子型乳化剂。常用的有山梨醇酐单硬脂酸酯（Span-60），为白色至浅黄色蜡状固体，熔点 51℃，相对密度 0.98～1.03，溶于热水、油脂和有机溶剂中，HLB 值 4.7；山梨醇酐单油酸酯（Span-80），淡褐色油状液体，相对密度 1.00～1.05，溶于热水、热油脂和有机溶剂中，HLB 值 4.3。司盘（Span）与吐温（Tween）合用的乳化效果更好。

（4）聚氧乙烯山梨醇酐脂肪酸酯（Tween）　在食品乳化香精中应用的聚氧乙烯山梨醇酐脂肪酸酯，属于水包油型、非离子型乳化剂。常用的有聚氧乙烯山梨醇酐单硬脂酸酯（Tween-60），为淡黄色膏状物，相对密度 1.10 左右，溶于水和乙醇等有机溶剂中，不溶于植物油和矿物油中，HLB 值 14.6；聚氧乙烯山梨醇酐单油酸酯（Tween-80），为淡黄色至橙黄色油状液体，相对密度 1.10 左右，溶于水、乙醇、非挥发油中，不溶于矿物油和石油醚中，HLB 值 15.0。

2.增稠剂

增稠剂在食品乳化香精中起平衡剂的作用。其目的是适当增加乳状液的黏度，使油粒子之间碰撞机会减少，降低沉降速度，从而使体系更趋稳定。在食品乳化香精中常用的增稠剂有甘油、果胶、山梨醇、海藻酸钠、羧甲基淀粉钠（CMS）、羧甲基纤维素钠（CMC-Na）等。

3.防腐剂

在食品乳化香精中最常用的防腐剂有苯甲酸、苯甲酸钠、肉桂醛等。

4.酸度剂

最常用者为柠檬酸，它既是 pH 调节剂，又是酸味剂。在可乐型乳化香精中常用磷酸。

5.增香剂

常用者为麦芽酚、乙基麦芽酚。在可乐型乳化香精中往往加入微量的咖啡因。

6.蒸馏水或去离子水、色素等

（四）乳化香精生产工艺和主要设备

1.生产工艺

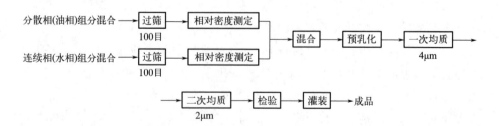

2.主要设备

目前国产的机械乳化分散设备主要有胶体磨、高速乳化泵、超声波乳化器和高速均质器等。

高压均质器亦称高压均浆泵，是目前应用较多的一种乳化分散设备，有剪切、桨式、涡轮式、簧片式等不同类型。它们是利用互不相溶的物料在高压（600kgf/cm^2，58.84MPa）下突然释放，物料平均以每秒几百米的线速度从高压阀喷出，压力降为200kgf/cm^2（19.61MPa），阀门出口处平均线速度约为150m/s。物料在缝隙停留的时间约为2.8μs。在这种强烈的能量释放和强大液流冲击下，结合空穴作用、剪切作用，使物料颗粒在瞬间被强烈破碎，形成1μm以下的油粒子。

（五）乳化香精应用和配方例

1.乳化香精应用

食品乳化香精主要应用于柑橘香型汽水、果汁、可乐型饮料、冰淇淋、雪糕等食品中。用量一般为0.1%～0.2%。

乳化香精的贮存期一般为6～12个月。存放温度5～27℃。过冷或过热都会导致乳化香精体系稳定性下降，最终产生油水分离现象。乳化香精中的某些原料易受氧化，开了桶的乳化香精，氧化速度加快，应尽快使用完毕。

2.乳化香精配方例

配方1　柠檬乳化香精

柠檬香精（芳香剂，油相）	6.50	苯甲酸钠（防腐剂，水相）	1.00
松香酸甘油酯（增重剂，相油）	6.00	柠檬酸（酸度剂，水相）	0.80
BHA（抗氧剂，油相）	0.02	色素（水相）	2.00
乳化胶（乳化剂，水相）	3.50	蒸馏水	80.18

产品质量：黏度35mPa·s，光密度1585，浊度138NTU，平均直径2.1μm（其中0.5～1μm的占65%）。

配方2　橘子乳化香精

橘子香精（芳香型，油相）	6.5	苯甲酸钠（防腐剂，水相）	1.0
松香酸甘油酯（增重剂，相油）	6.0	柠檬酸（酸度剂，水相）	适量
变性淀粉（乳化剂，水相）	12.0	色素（水相）	适量
蒸馏水	74.0		

产品质量：黏度35mPa·s，光密度1235，浊度97NTU，平均直径

3.07μm（其中 0.5～1μm 的占 85%）。

配方3　橙子乳化香精

甜橙香精（芳香剂，油相）	6.50	苯甲酸钠（防腐剂，水相）	1.00
树脂胶 D.D（增重剂，相油）	6.00	色素（水相）	适量
BHA（抗氧剂，油相）	0.02	蒸馏水	82.00
乳化胶（乳化剂，水相）	3.50		

产品质量：黏度 50mPa·s，光密度 1950，浊度 1345NTU，平均直径 1.73μm。

配方4　甜橙乳化香精

甜橙香精（芳香剂，油相）	1.00	苯甲酸钠（防腐剂，水相）	1.00
甜橙油（芳香剂，油相）	3.50	色素（水相）	2.17
松香酸甘油酯（增重剂，油相）	2.50	柠檬酸（酸度剂，水相）	适量
BHA（抗氧剂，油相）	适量	蒸馏水	加至 100.00
乳化胶（乳化剂，水相）	4.00		

配方5　橙-橘型乳化香精

橘子油（油相）	5.4	柠檬酸（酸度剂，水相）	2.7
蔗糖脂肪酸酯（油相）	3.6	鲜橙汁（60°BX）	11.0
阿拉伯树胶（水相）	4.5	蒸馏水	120.0
苯甲酸钠（防腐剂，水相）	0.7		

配方6　橘子乳化香精

橘子香精基（油相）	10	环糊精（稳定剂，水相）	15
乙酸异丁酸蔗糖酯（油相）	10	蒸馏水	50
阿拉伯树胶（水相）	15		

五、微胶囊粉末香精的生产

胶囊化是指用保护性壁材或体系包埋或封装一种或几种物质的技术。被包埋的物质称为活性物质、装填物、芯材或内相等，涂层或基质材料称为囊壁、壳材料、膜、壁材、载体、外壳、胶囊或封装物等。早在 1932 年英国就开始用阿拉伯树胶制取香精胶囊的研制工作。1936 年 Atlantic Coast Fisher 公司提出微胶囊化的专利申请。1954 年美国 National Cash Register 公司实现了微胶囊工业生产化。如今，微胶囊化制品已广泛应用于无碳复写纸、塑料、纺织、药品、化妆品、食品等工业中。

所谓微胶囊（microcapsule）系指壁厚 0.1～200μm、直径 5～500μm 的微

小胶囊。在此微小胶囊中包有香料、辛香料、精油或油树脂的产品，统称为微胶囊香精或微胶囊香料。内包物质含量可达全量的 50%～90%。由于微胶囊香精热稳定性高，保香期长，贮运方便，而且具有逐渐释放香气的功能，其在食品香精中的应用越来越广泛。

（一）微胶囊香精的原料

1.微胶囊包膜原料

微胶囊包膜原料亦称为壁膜或壁材材料。麦芽糊精、改性淀粉、环糊精 CD、阿拉伯树胶、大豆蛋白质、桃胶、明胶、羧甲基纤维素、邻苯二甲酸纤维素等水溶性天然高分子化合物，均可用作食品微胶囊香精包膜材料。聚乙烯醇、聚乙烯吡咯烷酮等水溶性合成高分子化合物，则可用于其它工业用微胶囊香精中。

2.微胶囊包蕊原料

微胶囊型食品香精的工业化生产始于 20 世纪 60 年代，玫瑰、茉莉、白兰等花香型香精，柠檬、橘子、甜橙、草莓、香蕉、葡萄、樱桃、苹果等果香型香精，猪肉、鸡肉、牛肉、海鲜等咸味香精，蒜油、姜油、芥子油、薄荷油等精油或油树脂均可作为包蕊原料。这些微胶囊香精广泛应用于糖果、速溶饮料、方便食品、肉制品、调味品、香烟等产品的加香。

（二）微胶囊香精生产工艺

微胶囊香精生产方法主要有三种：凝聚法、蔗糖共结晶法和喷雾干燥法。

1.凝聚法生产工艺

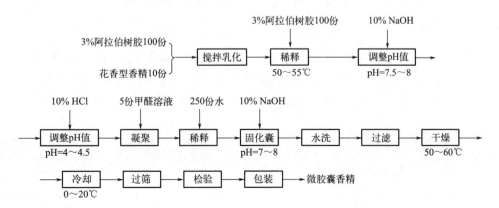

2.蔗糖共结晶法工艺

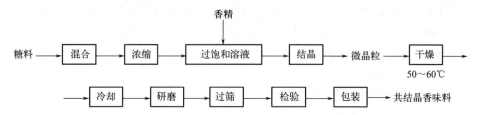

3.喷雾干燥法工艺

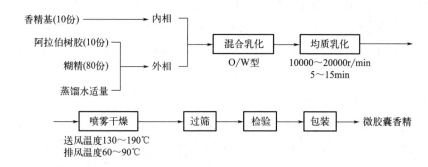

4.微胶囊辛香料配方

辛香料油	485	柠檬酸	43
阿拉伯树胶	156	白糖	3000
明胶	158	食盐	1850
白糊精	3000	味精	2500
蒸馏水	适量	固体酱油	250

第四节　甜味食品香精及其应用

甜味食品香精（confectionery flavors）按用途可分为软饮料用、糖果糕点用、冰制食品用、乳制品用、肉类食品用、调味品用、果冻果粉用等。根据应用领域的不同，对甜味香精的要求也有区分。

一、甜味食品香精在软饮料中的应用

配方1　橘子汽水配方

鲜橘汁	56	糖精	68

甜橙乳化香精	675	砂糖	75000
柠檬酸	675	加水至	1000000
苯甲酸钠	45		

配方2　橙子汽水配方

甜橙汁	60	糖精	56
甜橙香精	700	砂糖	50000
柠檬酸	1500	色素	适量
苯甲酸钠	100	加水至	1000000

配方3　菠萝汽水配方

菠萝香基	2.0	食用黄	1.5
菠萝浸提液	20.0	水	1000.0
苯甲酸钠	0.1		

菠萝香基

乙酸乙酯	25	环己基丙酸烯丙酯	2
丁酸乙酯	30	香兰素	2
己酸乙酯	30	麦芽酚	1
己酸烯丙酯	10	酒精（95％）	60
蒸馏水	40		

配方4　樱桃汽水配方

樱桃香精	2.0	食用红	1.5
樱桃浸提液	100.0	柠檬酸	2.5
食盐	10.0	糖汁（75°BX）	860.0
苯甲酸钠	1.0	水	适量

樱桃香精

乙酸乙酯	6.2	苯甲醛	1.4
丁酸乙酯	1.8	茴香醛	0.2
丁酸戊酯	2.5	香兰素	0.4
乙酸戊酯	0.9	庚酸乙酯	0.2
甜橙油	1.0	甲酸戊酯	1.4
丁香油	0.5	蒸馏水	40.0
酒精（95％）	60.0		

配方5　葡萄汽水配方

| 葡萄香精 | 750 | 糖精 | 127 |
| 葡萄汁 | 56000 | 砂糖 | 75 |

柠檬酸	525	色素	适量
苯甲酸钠	60	加水至	1000000

葡萄香精

乙酸乙酯	40.0	甜橙油	2.0
邻氨基苯甲酸甲酯	25.0	白兰地香油	0.5
丁酸乙酯	5.0	酒精	25.0
戊酸戊酯	5.0		

配方6　速溶橘子晶饮料配方

阿拉伯树胶	160	橘子油香精	182
食用明胶	182	胡萝卜素	57
白糊精	3000	苯甲酸	36
食用钛白粉	70	砂糖	30000
柠檬酸钠	45	精制水	适量
柠檬酸	380		

橘子油香精

橘子油	50.00	柠檬醛	2.00
辛醛	0.05	芳樟醇	16.00
壬醛	0.05	植物油	49.40
癸醛	0.1		

配方7　可乐香精

可乐香基	12	耐酸焦糖	32
可乐仁浸液	12	咖啡因	2
香子兰浸液	2	甘油	16
白柠檬油	32	酒精	12
精制水	10		

可乐香基

柠檬油	46.80	肉豆蔻油	14.20
白柠檬油	14.20	橙花油	0.01
橙皮油	24.84	酒精	212.40
桂皮油	10.65	精制水	142.20

配方8　柠檬可乐香精

绿柠檬油	30	可乐油	8
甜柠檬油	30	橙花油	5
香柠檬油	5	香兰素	5

酸橙油	10	肉豆蔻油	2
甜橙油	5		

配方 9 橘子可乐香精

甜橙油	25	香柠檬油	5
白柠檬油	25	樱桃油	5
柳丁油	15	橙花油	3
库拉索酒	10	柠檬叶油	2

配方 10 菠萝汁饮料配方

菠萝原汁	30.00	酸味剂	0.30
水	70.00	抗氧化剂	0.02
糖度	14°BX	菠萝香精	0.10

菠萝香精

丁酸乙酯	60	柠檬油	1
丁酸异戊酯	20	甘油	5
癸酸烯丙酯	5	酒精	8
乙酸乙酯	1		

二、甜味食品香精在冰制品中的应用

配方 1 香草冰淇淋配方

牛奶	100.0	砂糖	300.0
鸡蛋黄	5.0	柠檬皮粉	适量
香草香精	0.1		

配方 2 牛奶雪糕配方

炼乳	11.0	菠萝汁	适量
淀粉	2.5	菠萝香精	适量
明胶	1.0	水加至	100.0
砂糖	15.0		

配方 3 朱古力雪糕配方

牛奶	3200	砂糖	1400
可可粉	300	糖精	1
精炼油脂	300	香精	适量
淀粉	200	色素	适量

配方 4 草莓冰棍配方

白糖	1200	草莓香精	适量

糖精	1	色素	适量
牛奶	250	加水至	10000
淀粉	250		

草莓香精

乙酸乙酯	10	乙酸戊酯	6
丁酸乙酯	10	丁酸戊酯	4
甲酸乙酯	2	杨梅醛	2
水杨酸甲酯	2	酒精	20
叶醇	2	精制水	40
苄醇	2		

配方5　香蕉冰棍配方

白糖	1200	香蕉香精	适量
糖精	1	色素	适量
牛奶	300	加水至	10000
淀粉	200		

香蕉香精

乙酸戊酯	25	甜橙油	2
丁酸戊酯	6	橘子油	2
丁酸乙酯	4	丁酸丁酯	2
苯甲酸乙酯	2	香兰素	1
戊酸苄酯	1	精制水	30
酒精（95%）	24		

配方6　果香型冰淇淋香精

乙酸乙酯	185.00	柠檬油	423.00
乙酸戊酯	185.00	甜橙油	46.00
丁酸乙酯	73.50	香兰素	22.50
丁酸戊酯	37.00	柠檬醛	18.75
己酸烯丙酯	9.25		

配方7　覆盆子冰淇淋香精

丁酸乙酯	25	覆盆子汁	100
乙酸乙酯	15	柠檬酸	1
覆盆子醛	7	糖浆（75°）	850
香兰素	2		

配方 8　柠檬型冰淇淋香精

戊酸戊酯	20.0	柠檬油	20.0
戊酸乙酯	12.5	甜橙油	5.0
丁酸戊酯	12.5	香兰素	10.0
乙酸乙酯	10.0	丁酸	2.0
乙酸戊酯	8.0		

三、甜味食品香精在糖果中的应用

配方 1　奶油香硬糖香精

丁酸	8.8	香兰素	2.5
丁二酸	2.5	乙基香兰素	1.3
丁酸乙酯	5.0	椰子醛	0.5
丁酸丁酯	2.0	丁酸戊酯	1.3
甘油	10.0	酒精（95％）	45.0
蒸馏水	20.0		

配方 2　果仁香硬糖香精

苦杏仁油	40	丁子香油	10
甜橙油	30	肉豆蔻油	5
橙花油	10	肉桂油	5

配方 3　胡桃硬糖香精

肉豆蔻油	30.0	茴香油	2.5
柠檬油	25.0	苦杏仁油	11.5
小豆蔻油	1.0	香兰素	12.5
丁酸	5.0	甜橙油	7.5
丁子香油	5.0		

配方 4　太妃糖香精

乙基香兰素	3.00	甘草浸液	5.00
桑椹醛	0.10	苯乙酸	0.03
丁子香油	0.05	丁酸	0.50
乙酸乙酯	1.00	枫槭浸膏	1.00
甘油	10.00	酒精（95％）	40.00
蒸馏水	31.00		

配方 5　巧克力糖香精

苯乙酸戊酯	4.00	丁基苯基乙缩醛	0.50

香兰素	4.00	丙二醇	48.00
椰子醛	0.13	可可浸液	96.00
藜芦醛	0.13		

配方 6 薄荷口香糖香精

薄荷油	82.0	薄荷脑	5.5
桉叶油	6.0	辛香料	1.5
冬青油	2.0	其它	3.0

配方 7 橘子口香糖香精

薄荷油	1.0	香柠檬油	0.5
柠檬油	1.0	甜橙油	1.0
橙花油	1.5	肉桂皮粉	5.0
阿拉伯胶	适量	丁子香粉	5.0
鸢尾粉	15.0	甘草浸液	40.0
香子兰豆粉	10.0	砂糖	20.0

四、甜味食品香精在烘烤食品中的应用

配方 1 果香型饼干香精

椰子醛	0.7	丁子香油	0.1
桃醛	0.4	柠檬醛	1.5
柑橘油	15.0	乙酸戊酯	0.1
香兰素	5.0	丁酸戊酯	0.1
乙基香兰素	2.0	丙二醇	35.0
桂皮油	0.1	色拉油	40.0

配方 2 咖啡香饼干香精

桂皮油	2.0	芫荽油	0.8
肉豆蔻油	1.0	小豆蔻油	0.2
柠檬油	1.0	香兰素	0.2
苦杏仁油	0.8	酒精（95%）	94.0

配方 3 奶油面包香精

奶油	40	香兰素	10
肉桂油	10	乙基香兰素	5
肉豆蔻油	4	椰子醛	2
小豆蔻油	2	酒精（95%）	20
丁子香油	7		

配方 4　果香型面包香精

柠檬油	20.0	桂皮油	0.2
甜橙油	15.0	香兰素	8.0
芫荽油	0.5	乙基香兰素	2.0
肉豆蔻油	0.3	柠檬醛	1.0
椰子醛	1.0	酒精（95％）	52.0

配方 5　蛋糕香精

香兰素	12	肉桂油	42
乙基香兰素	3	柠檬油	20
苦杏仁油	7	丁子香油	7
肉豆蔻油	6	小豆蔻油	3

配方 6　蛋糕香精

柠檬油	13.2	香兰素	4.4
肉豆蔻油	4.4	朗姆醚	4.4
芫荽油	2.2	丁二酮	2.2
苦杏仁油	1.0	酒精（95％）	55.0
丙二醇	13.2		

配方 7　奶油糕点香精

苯甲醛	0.125	丁酸乙酯	4.000
蒸馏柠檬油	0.250	丁酸	4.000
丁酰乳酸丁酯	2.500	肉豆蔻油	0.180
丁二酮	3.000	植物油	146.215

配方 8　黄油糕点香精

丁二酮	4.7	椰子醛（10％）	0.4
丁酸乙酯	2.5	丁酸	0.1
丁酸苯乙酯	0.5	其它	5.3
香兰素	0.9	邻苯二甲酸二丁酯	85.0

第五节　咸味食品香精及其应用

一、咸味食品香精的定义

咸味食品香精（savory flavoring）是 20 世纪 90 年代兴起的一类用于咸味

食品加香的新型食品香精。咸味食品香精的主要品种有猪肉香精、牛肉香精、鸡肉香精、火腿香精、各种海鲜香精等。

我国 20 世纪 80 年代开始研究生产咸味食品香精，90 年代是我国咸味食品香精飞速发展的十年。目前，我国咸味食品香精生产技术已经进入世界先进行列，咸味食品香精生产量和消费量也进入世界前列。

咸味食品香精的主要功能是补充和改善咸味食品的香味，这些食品包括各种肉类罐头食品、各种肉制品和仿肉制品、汤料、调味料、鸡精、膨化食品等。

咸味食品香精生产技术已经突破了传统香精生产的概念，由单纯的依赖调香技术，发展为集生物工程技术、脂肪氧化技术、传统烹饪技术、热反应技术和调香技术于一体的复合技术。所用原料也由香料扩展到动植物蛋白、动植物提取物、脂肪、酵母、蔬菜、还原糖、氨基酸、香辛料及其它食品原料。

二、咸味食品香精生产工艺

咸味食品香精的生产经历了由完全依靠调香技术，到热反应技术与调香技术相结合两个阶段。调香所用的香料由单纯的天然香料发展为天然香料和合成香料相结合。热反应的氨基酸源由单一的氨基酸发展到多种氨基酸、水解植物蛋白（HVP）、水解动物蛋白（HAP）和酵母等相结合。

我国的咸味食品香精工业是伴随着方便面工业产生的。20 世纪 80 年代初，为了满足我国新兴的方便面工业的急需，国家在"六五"科技攻关中，将肉味香精的研究与应用列入了"六五"国家科技攻关计划，其主要成果在 80 年代末期实现了产业化，主要采用 HVP、氨基酸和还原糖进行热反应，产物经过调香后成为肉味香精，其基本工艺路线如图 4-1 所示。

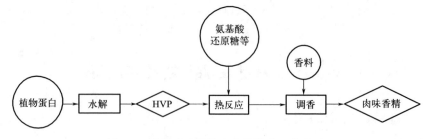

图 4-1　早期肉味香精生产的基本工艺流程

　　"八五"期间，我国以肉类蛋白作为主要原料的肉味香精开始起步，最早的生产方法近乎"炖肉"，但较好地借鉴了中国传统烹调技术中肉制品的制作技术，香辛料得到了较广泛的应用。到"九五"后期，由于酶工程技术的采用，我国以肉类蛋白为起始原料的肉味香精生产技术取得了关键性突破，鸡肉、猪肉、牛肉、鱼肉、虾肉等动物蛋白在蛋白酶的作用下分解成肽、氨基酸等香味前体物质（HAP），与 HVP、酵母、各种单体氨基酸、还原糖、香辛料等经过 Maillard 反应，生成了香味浓郁、逼真的肉味香精，再用香料调合，其香味强度大大提高。用这种方法生产肉味香精的技术是目前肉味香精生产的主流技术，其基本工艺路线如图 4-2 所示。

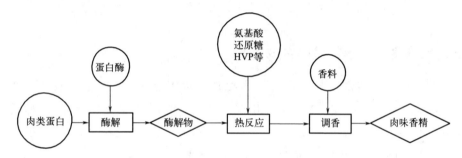

图 4-2　第二代肉味香精生产的基本工艺流程示意图

　　在今后一段时间内，通过热反应技术和调香技术相结合生产肉味香精还将是肉味香精生产技术的主流。肉味香精技术的进步和产品品质的提高主要取决于热反应原料的拓展、配比的合理化、热反应条件的优化、天然香料和合成香料品种的增加以及调香技术的发展等方面。

　　热反应的基本原料 HVP、HAP 是产生基本肉香味（basic meat flavor）的主要前体物质，脂肪氧化产物是特征肉香味（characteristic meat flavor）的主要来源。目前的肉味香精生产技术，在热反应中也加入小量动物脂肪，但由于反应时间和工艺的限制，脂质物质难以充分转化为特征香味物质，造成现有的一些肉味香精产品尽管基本肉香味浓郁，但特征性香味不足。研究表明，脂肪经过控制氧化以后，可以产生大量的 $C_6 \sim C_{10}$ 的脂肪族醛、酮、羧酸，氧化产物直接用于热反应香精或热反应原料，对于提高肉味香精的特征性香味效果显著。未来的热反应肉味香精基本原料应该是 HAP、HVP 和脂肪氧化产物的有机组合，其基本工艺如图 4-3 所示。

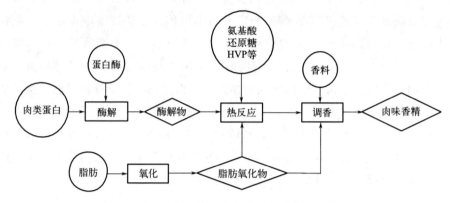

图 4-3　第三代肉味香精生产的基本工艺流程示意图

三、咸味食品香精常用的合成香料

咸味食品香精常用的合成香料主要包括以下品种：2-甲基-3-呋喃硫醇、2-甲基-3-四氢呋喃硫醇、2-甲基-3-甲硫基呋喃、双(2-甲基-3-呋喃基)二硫醚、甲基-2-甲基-3-呋喃基二硫醚、丙基-2-甲基-3-呋喃基二硫醚、2,3-丁二硫醇、甲基环戊烯醇酮（MCP）、麦芽酚、乙基麦芽酚、4-羟基-2,5-二甲基-3(2H)-呋喃酮、5-乙基-3-羟基-4-甲基-2(5H)-呋喃酮、2-乙酰呋喃、5-甲基-2-乙酰基呋喃、5-甲基糠醛、2-甲基四氢呋喃-3-酮、2-乙酰基吡咯、N-甲基-2-乙酰基吡咯、N-乙基-2-乙酰基吡咯、2-乙酰基噻吩、四氢噻吩-3-酮、2-乙酰基吡啶、3-乙酰基吡啶、2-甲硫基吡啶、2-甲基吡嗪、2,3-二甲基吡嗪、2,5-二甲基吡嗪、2,6-二甲基吡嗪、2,3,5-三甲基吡嗪、2-乙基吡嗪、2,3-二乙基吡嗪、2,3-二乙基-5-甲基吡嗪、2,3-二甲基-5-乙基吡嗪、2,3-二甲基-5-异丙基吡嗪、2,3-二甲基-5-仲丁基吡嗪、2,3-二甲基-5-异丁基吡嗪、2,3-二甲基-5-(2-甲基丁基)吡嗪、2,3-二甲基-5-异戊基吡嗪、2-乙基-3,5（或 6）-二甲基吡嗪、四甲基吡嗪、2-甲氧基吡嗪、2-乙氧基吡嗪、2-甲硫基吡嗪、2-甲氧基-3（或 5 或 6）-甲基吡嗪、2-乙氧基-3（或 5 或 6）-甲基吡嗪、2-甲氧基-3-异丙基吡嗪、2-甲氧基-3-异丁基吡嗪、2-甲氧基-3-仲丁基吡嗪、2-甲硫基-3(或 5 或 6)-甲基吡嗪、2-糠硫基-3(或 5 或 6)-甲基吡嗪、2-甲氧基-3(或 5 或 6)-乙基吡嗪、2-乙氧基-3（或 5 或 6）-乙基吡嗪、2-甲硫基-3（或 5 或 6）-乙基吡嗪、2-乙酰基吡嗪、2-乙酰基-3-甲基吡嗪、2-乙酰基-3-乙基吡嗪、2-乙酰基-3,5（或 6）-二甲基吡嗪、3-乙基-2-甲基吡嗪、2,3,5-三甲基-6-乙基吡嗪、2,3,5-三甲基-6-异丙基吡嗪、

2,3,5-三甲基-6-仲丁基吡嗪、2,3,5-三甲基-6-异丁基吡嗪、2,3,5-三甲基-6-(2-甲基丁基)吡嗪、2,3,5-三甲基-6-异戊基吡嗪、2-甲基-3-乙基-5（或6)-异丙基吡嗪、2-甲基-3-乙基-5（或6)-异丁基吡嗪、2-甲基-3-乙基-5（或6)-(2-甲基丁基)吡嗪、2-甲基-3-乙基-5（或6)-异戊基吡嗪、2-甲基-3-乙基-5（或6)-仲丁基吡嗪、2-甲基-3(或5或6)-乙基吡嗪、2-巯基吡嗪、2-甲基噻唑、4-甲基噻唑、2,4-二甲基噻唑、4,5-二甲基噻唑、2-异丁基噻唑、2-异丁基-4-甲基噻唑、2-乙基-4-甲基噻唑、2-异丙基-4-甲基噻唑、2,4,5-三甲基噻唑、4-甲基-5-(β-羟乙基)噻唑、4-甲基-5-(β-羟乙基)噻唑乙酸酯、2-乙酰基噻唑、2,4-二甲基-5-乙酰基噻唑、2-甲氧基噻唑、2-乙氧基噻唑、2-甲硫基噻唑、2-糠硫基噻唑、2-巯基噻唑等。

可用于咸味食品香精的合成香料品种很多，上述仅是一部分，这类香料今后几年还会以较快的速度增加。对新增加的或不熟悉的香料，调香师可以根据图 4-4 的特征结构单元来初步判断其是否可用于咸味食品香精：分子结构中含有一个或几个下述特征结构单元的化合物一般都具有肉香味特征，个别的具有葱蒜、萝卜、蔬菜、烤香等香味特征，都可以在咸味食品香精中使用。

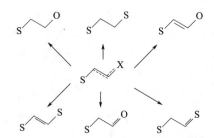

图 4-4　肉香味含硫化合物的特征结构单元

四、咸味食品香精及其应用配方例

配方 1　烤肉香精

植物蛋白水解液	90.00	四氢噻吩-3-酮	1.00
4-甲基-5-羟乙基噻唑	5.00	糠硫醇	0.01
二糠基二硫醚	0.49	甲硫醇	0.50
2-壬烯醛	0.50	2-甲基-3-乙酰基呋喃	2.00
二甲基硫醚	0.50		

配方 2　热反应鸡肉香精

鸡肉酶解物	3600	HVP 液	2800
酵母	2600	谷氨酸	60
精氨酸	50	丙氨酸	100
甘氨酸	55	半胱氨酸	155
木糖	510	桂皮粉	7

上述化合物在 130℃加热 40 分钟即得鸡肉香精。

配方 3　热反应猪肉香精

猪肉酶解物	100.0	HVP	40.0
酵母膏	16.0	猪骨素酶解物	10.0
甘氨酸	4.0	丙氨酸	2.0
谷氨酸钠	12.0	I+G	1.6
葡萄糖	8.0	木糖	8.0
猪油控制氧化产物	1.2		

上述化合物在 120℃加热 40 分钟即得热反应猪肉香精。

配方 4　热反应猪肉香精

猪肉酶解物热反应产物	100000.0	四氢噻吩-3-酮	0.5
2-甲基四氢噻吩-3-酮	0.3	4-甲基-5-羟乙基噻唑	30.0
4-甲基-5-羟乙基噻唑乙酸酯	20.0	2-甲基吡嗪	5.0
2-甲基-3-丙烯基吡嗪	5.0	2,3-二甲基吡嗪	5.0
3-甲硫基丙醛	1.0	3-巯基-2-丁酮	1.0
呋喃酮	5.0	2-乙基呋喃	5.0
2-戊基呋喃	2.0	2-乙酰基呋喃	10.0
2-甲基-3-呋喃硫醇	1.5	2-甲基-3-甲硫基呋喃	1.0
双(2-甲基-3-呋喃基)二硫醚	0.5		

配方 5　热反应牛肉香精

牛肉酶解物	60.0	牛骨素酶解物	20.0
L-半胱氨酸盐酸盐	1.6	蛋氨酸	2.0
维生素 B_1	1.2	HVP	80.0
酵母膏	20.0	牛油控制氧化产物	1.6
葡萄糖	2.0	木糖	2.0

上述化合物在 120℃加热 40 分钟即得热反应猪肉香精。

配方 6　热反应牛肉香精

牛肉酶解物热反应产物	100000.0	四氢噻吩-3-酮	0.5

4-甲基-5-羟乙基噻唑	50.0	2-甲基吡嗪	10.0
2-乙酰基吡嗪	10.0	2-异丙烯基吡嗪	5.0
2,5-二甲基吡嗪	10.0	2,3,5-三甲基吡嗪	10.0
2,5-二甲基-3-乙基吡嗪	10.0	2-乙酰基噻唑	5.0
3-甲硫基丙酸乙酯	5.0	3-巯基-2-丁醇	2.0
3-巯基-2-丁酮	1.0	2-乙基呋喃	5.0
2-甲基-3-呋喃硫醇	2.0	2-甲基-3-甲硫基呋喃	2.0
甲基 2-甲基-3-呋喃基二硫醚	2.0		

配方 7　鸡精配方

鸡肉香精	7.0	味精	16.0
I+G	4.0	食盐	30.0
白糖	8.0	沙姜粉	0.3
白胡椒粉	0.5	HVP 粉	1.0
酵母粉	1.0	麦芽糊精	30.0

第六节　香辛料及其应用

香辛料亦称调味料，是指具有芳香和（或）辛辣味的植物性调味赋香原料，如具有香、辛、麻、辣、苦、甜等典型气味的天然调味香料。这类物质多为植物的全草、叶、根、茎、树皮、果、籽、花等，加入食品中以增加香味。我国香辛料的使用历史悠久、资源丰富，目前列入我国国家标准（GB/T 21725—2017）的香辛料品种有 67 个。除了能够赋予食品独特的风味，香辛料还具有抑菌防腐、抗氧化、抗炎等多种生理活性，这与其所蕴含的酚类、醛类、萜类、黄酮类、生物碱等成分相关。

香辛料作为重要的香料来源之一，对食品香精的风味具有重要作用。香辛料调味品是指可用于食品加香调味，能赋予食物以香、辛、辣等风味的天然植物性产品及其混合物，包括香辛料调味粉、调味油、调味汁和油辣椒等。我国常用的十三香——花椒、八角（大料）、丁香、云木香、陈皮、砂仁、茴香、肉桂、山奈、姜、高良姜、肉豆蔻、小豆蔻等，在国内外调味料中享有盛名。

一、香辛料的分类

依据天然香辛料呈味特征，将其分为浓香型天然香辛料、辛辣型天然香辛料和淡香型天然香辛料三大类。

① 浓香型：丁香、八角茴香、小豆蔻、小茴香、牛至、百里香等。

② 辛辣型：大蒜、大葱、花椒、姜、香茅、辣椒等。

③ 淡香型：山奈、月桂叶、甘草、豆蔻、迷迭香、留兰香等。

二、香辛料的应用配方例

配方1　咖喱粉调味料

芫荽籽粉	30.0	茴香粉	1.0
姜黄粉	2.0	芹菜籽粉	1.0
白胡椒粉	2.0	葫芦巴籽粉	1.0
芥菜籽粉	2.0	辣椒粉	1.0
姜粉	2.0	丁香粉	1.0
薄荷叶粉	0.4	肉豆蔻粉	1.0
小豆蔻粉	1.0		

配方2　甜酸腌菜调味油

丁子香油	458	多香果油	320
页蒿油	90	斯里兰卡肉桂油	15
芫荽油	35	白菖蒲油	5
黑胡椒油	35	芥菜籽油	5
肉桂油	35	姜油	2

配方3　咸香鲳鱼肉调味料

甘草	10.0	胡椒粉	3.0
八角粉	7.5	花椒粉	3.0
葱头粉	5.0	丁香粉	3.0
蒜头粉	5.0	肉豆蔻粉	2.5
桂皮粉	4.0	姜粉	2.0

配方4　维也纳香肠调味料

洋葱粉	40.0	月桂粉	3.0
胡椒粉	28.0	丁香粉	2.0
肉豆蔻粉	12.0	甘牛至粉	1.5
姜粉	8.0	大蒜粉	0.5
肉桂粉	5.0		

配方5　汉堡肉饼调味料

丁香	25	胡椒	5

多香果	12	百里香	5
辣椒	10	洋苏叶	5
肉桂	9	洋葱	5
肉豆蔻	7	大蒜	3
甜辣椒	6	小茴香	2
姜	6		

配方 6　烤肉用调味油

丁子香油	178.2	辣椒油树脂	94.6
杜松子油	142.0	姜油树脂	94.6
醋精	116.6	肉豆蔻油	59.4
多香果油	59.4	月桂叶油	24.2
黑胡椒油	88.0	百里香油	24.2
洋葱油	70.4	甜牛至油	13.2
芫荽油	35.2		

配方 7　中国烧鸡用调味料

元茴	150	小茴香	25
桂皮	100	肉豆蔻	25
白芷	40	草果	25
花椒	40	丁香	25
山奈	35	陈皮	10
良姜	35	砂仁	10

配方 8　腊肠用调味料

洋葱	40.0	月桂	3.0
胡椒	28.0	丁子香	2.0
肉豆蔻	12.0	甜牛至	1.5
姜	8.0	大蒜	0.5
肉桂	5.0		

配方 9　法式香肠调味料

肉豆蔻油	500.000	丁子香油	14.300
辣椒油树脂	372.300	姜油	5.225
黑胡椒油	43.725	芥子油	3.300
众香果油	22.000	芹菜籽油	3.300
甜牛至油	17.600	香旱芹籽油	1.650
芫荽籽油	17.600		

配方 10　辣酱油调味料

醋酸	3.00	蔗糖	4.00
盐	21.00	蜂蜜	16.00
味精	0.25	焦糖	4.50
糖精	0.03	洋葱粉	0.70
香紫苏叶	0.23	丁子香	0.30
辣椒	1.00	肉豆蔻	0.30
番茄酱	8.00	肉桂	0.30
大蒜粉	0.15	百里香叶	0.23
五香粉	2.59	月桂叶	0.23
佳酿葡萄酒	5.00		

配方 11　鸡汤调味料

谷氨酸单钠	10.00	洋葱粉	1.75
盐	40.00	小麦淀粉	14.00
葡萄糖	25.50	芹菜乳脂调味料	2.00
红辣椒粉	0.11	姜黄	0.25
焦糖粉	0.06		

配方 12　猪肉香肠调味料

黑胡椒油	60.00	辣椒油树脂	90.00
鼠尾草油	90.00	白百里香油	15.00
丁子香油	90.00	姜油树脂	60.00
芥子油	3.75	姜油	30.00
月桂叶油	60.00	肉豆蔻油	501.25

第五章

香精在其它方面的应用

第一节　烟用香精及其应用

"降焦减害"是现代卷烟发展的方向。卷烟调香技术是构建中式卷烟的核心技术，也是形成卷烟产品特色的关键技术。烟用香料香精是卷烟生产中的重要原料，在烟草制品中常起到加香矫味的作用。使用烟用香精可使卷烟形成独特的风味，并达到协调、掩盖和冲淡杂气的作用，从而使不同等级和类型的烟草香味能够有机地组合。同时，在卷烟中加香也能够增加卷烟的甜润度、减少烟气刺激、减弱杂气，使卷烟吸味得到有效改善。烟用香料按照来源可分为天然产物提取香料和人工合成香料，其中，天然产物提取香料又可分为烟草提取香料及非烟草天然产物提取香料。烟用香精是指用两种或两种以上香料、适量溶剂和其他成分调配而成的，在烟草制品的加工过程中起增强或修饰烟草制品风格或改善烟草制品品质的混合物。

一、常用的烟用香料

1.天然香料

精油、净油类：缬草油、卡藜油、香紫苏油、香叶油、白兰叶油、广藿香油、岩兰草油、当归根油、众香果油、檀香油、白檀油、芹菜籽油、胡萝卜籽油、春黄菊油、肉豆蔻油、肉豆蔻衣油、小豆蔻油、薰衣草油、雪松木油、柏木油、冷杉油、丁香油、山萩油、肉桂油、肉桂叶油、杏仁油、杜松子油、萝卜籽油、小茴香油、柠檬油、香柠檬油、甜橙油、橘皮油、芫荽籽油、橙花油、康乃馨油、玫瑰油、姜油、玫瑰净油、茉莉净油、蜡菊净油、晚香玉净油、金合欢净油、香荚兰净油等。

浸膏及香膏类：茅香浸膏、菊苣浸膏、墨红浸膏、芫荽浸膏、排草浸膏、洋甘菊浸膏、核桃壳浸膏、枫槭浸膏、石香薷浸膏、谷雨草浸膏、赖百当浸膏、芸香浸膏、苏合香香膏、乳香香膏、秘鲁香膏、吐鲁香膏、海狸香膏等。

酊剂、浸液类：枣子酊、可可酊、咖啡酊、红茶酊、甘草酊、卡藜酊、南豆酊、香荚兰酊、独活酊、当归酊、白芷酊、鸢尾酊、莳萝酊、葫芦巴酊、小豆蔻酊、肉豆蔻酊、烟末酊、葡萄干浸液、苹果干浸液、无花果浸液、缬草根浸液、甘草浸液等。

2.合成香料

叶醇、香茅醇、香叶醇、香紫苏醇、丁酸、异戊酸、2-甲基丁酸、2-甲基戊酸、乙酸乙酯、乙酸戊酯、乙酸玫瑰酯、丙酸乙酯、丁酸乙酯、丁酸丁酯、己酸乙酯、己酸烯丙酯、庚酸乙酯、苯甲酸甲酯、苯乙酸乙酯、水杨酸甲酯、乳酸乙酯、乙酰乙酸乙酯、苯甲醛、茴香醛、β-环高柠檬醛、2-丁基-2-丁烯醛、香兰素、乙基香兰素、樟脑、香芹酮、6-甲基-3,5-庚二烯-2-酮、甲基紫罗兰酮、β-紫罗兰酮、β-大马酮、丁二酮、对甲酚、丁香酚、异丁香酚、麦芽酚、乙基麦芽酚、γ-桃醛、2-甲基四氢呋喃-3-酮、4-乙基愈创木酚、香紫苏内酯、4-羟基-2,5-二甲基-3(2H)-呋喃酮、酱油酮、MCP、2-乙酰基-6-乙基吡嗪、2-甲氧基-3-仲丁基吡嗪、2,3,5-三甲基吡嗪、2-甲氧基-3-异丁基吡嗪、2-甲基-5-乙基吡嗪、2-甲氧基-3-甲基吡嗪、2-乙氧基-3-甲基吡嗪、2-乙基-3,5,6-三甲基吡嗪、2,3-二甲基吡嗪、2,4-二甲基吡嗪、2,5-二甲基吡嗪等。

此外，热反应型的烟用香精，即通过 Amadori 重排反应和 Maillard 反应制备的，可以直接用于烟草加香，也可以与其它香料调合配制成新的烟用香精。

二、香料在香烟中的作用

香料在香烟制品中主要起两大作用：矫味和增香。

1.烟草矫味剂

使用烟草矫味剂主要目的是掩盖、矫正烟气中青、苦、辣、涩等杂味，减少刺激性，使其与烟香协调，改善吸味。作为烟草矫味剂的香料主要有柠檬酸、苹果酸、酒石酸、乳酸、蜜糖、砂糖、香兰素、乙基香兰素、麦芽酚、乙基麦芽酚、异丁香酚、4-乙基愈创木酚、甜叶菊糖苷、β-枣酊、咖啡酊、可可酊、香荚兰酊、黑香豆酊、甘草浸液、缬草根浸液、水果浸液、坚果浸液等。

2.烟味增强剂

使用烟味增强剂的主要目的是增强香味、提高烟劲。这类香料大部分是烟草或烟气中具有烟香气的有效成分。如 2-甲基戊酸、3-甲基戊酸、2-甲基-4-戊烯酸、异戊酸、对羟基桂酸、β-大马烯酮、香紫苏内酯、苯甲醛、2-甲基丁酸乙酯、鸢尾根浸膏、缬草根浸膏，有取代基的吡嗪类、吡啶类、吡咯类、呋喃类、嘧啶类、吡喃类、喹啉类等。

三、烟用香精的分类

烟用香精常用分类方法有三种：

1.按照香烟的种类分类

① 卷烟用香精。包括烤烟型卷烟香精，用量 0.2%～0.3%；混合型卷烟香精，用量 0.5%～1.8%。

② 雪茄烟用香精。包括哈瓦那雪茄烟香精、马尼拉雪茄烟香精、柏木型雪茄烟香精等，用量 0.5%～1.0%。

③ 斗烟香精，用量 5%～7%。

④ 嚼烟香精。

⑤ 鼻烟香精。

2.按照香精的用途分类

① 加料用香精。主要添加在烟叶预处理中，然后进入切丝工序。

② 加香用香精。主要喷淋在烟丝上，然后进入卷烟工序。

③ 滤嘴用香精。用于喷淋在滤嘴纤维中。

3.按照香烟的牌号或特殊香型分类

例如：选手牌、吉祥牌、三城堡牌、驼牌、555 牌、薄荷香、可可香、苹果香、橡胶香、枣香、桃香、豆香、朗姆香、焦糖香等。

四、烟用香精配方

烟用香精也有水溶性香精、油溶性香精、乳化香精和粉末香精之分，配制方法和要求与食品用香精相同。乳化香精和粉末香精只有国外有少量使用。中国使用的烟用香精大部分是水溶性香精。常用的溶剂有水、乙醇、丙二醇、丙三醇等。

烟用香精保密性极强，公开发表的配方不多。根据国内外已经公开发表的资料，摘录一些比较典型的烟用香精配方介绍如下。

1.弗吉尼亚烟用香精

配方 1

戊酸苯乙酯	2.0	丁香油	1.5
甜橙油	2.0	香叶油	5.0
香柠檬油	3.0	柠檬油	3.0
香荚兰酊	25.0	桂皮油	0.5
鸢尾酊	50.0		

配方 2

玫瑰油	2	甜橙油	40
丁香油	1	香叶油	40
薰衣草油	8	戊酸苯乙酯	5
柠檬油	4	鸢尾酊	10
卡藜油	3	香荚兰净油	4

2.土耳其烟用香精

配方 1

秘鲁香膏	0.85	吐鲁香膏	0.85
苏合香膏	0.85	乙酸玫瑰酯	0.22
蜜香香基	0.44	苯乙酸甲酯	0.22
缬草油	0.11	香兰素	13.73
美蛇根油	0.11	朗姆醚	23.88
圆叶当归油	0.11	玫瑰油	1.25
戊酸苯乙酯	0.44	丙二醇	956.94

配方 2

苯乙酸甲酯	1	茉莉净油	2
玫瑰花油	5	月下香净油	3
香叶油	9	橙花净油	5
薰衣草油	8	广藿香油	2
鸢尾酊	800	香荚兰酊	160

3.朗姆烟用香精

配方 1

丁酸乙酯	64	橙花油	3
戊酸乙酯	64	春黄菊油	2
柠檬油	16	卡藜油	2

肉桂油	6	朗姆醚	27037
多香果油	6		

配方 2

丁酸乙酯	4.00	乙酸乙酯	5.00
丁酸戊酯	2.50	冰醋酸	3.00
乙醇	50.00	香兰素	1.50
蒸馏水	32.95		

4.雪茄烟用香精

配方 1

卡藜油	20	玫瑰油	5
肉桂叶油	30	白檀油	10
香荚兰酊（10%）	100	白兰地	70
乙醇	750		

配方 2

柏木油	5	广藿香油	1
香叶油	2	乙醇	990
白檀油	2		

5.槭树烟用香精

香兰素	9.00	当归酊	29.25
庚酸乙酯	0.75	咖啡酊	145.25
秘鲁香膏	5.50	葫芦巴酊	743.00
乙醇	67.25		

6.蜜香烟用香精

乙基香兰素	12.00	香叶油	0.75
苯乙酸甲酯	24.00	芹菜籽油	0.75
苯乙酸	24.00	丙二醇	937.75
甲基苯乙酮	0.75		

7.可可烟用香精

丁酸乙酯	0.05	可可浸液	26.00
戊酸乙酯	0.05	咖啡浸液	10.00
麦芽酚	2.00	乙醇	20.00
水	41.90		

第二节　香精在芳香疗法中的应用

芳香疗法，是指利用芳香植物材料或从中提取的芳香精油来调节身体机能，促进身心健康。芳香疗法起源于古埃及，1928 年，法国化学家 Rene-Maurice Gattefosse 首次提出"芳香疗法"一词。我国早在殷商甲骨文中就有熏燎、艾蒸和酿制香酒的记载，至周代就有佩戴香囊的习惯，先秦时代《山海经》有薰草"佩之可以已疠"的记载。近年来，随着现代社会生活节奏的加快，人们生活压力的增加，芳香疗法也日益受到关注。

一、香气疗法原理及应用

芳香疗法是通过芳香物质释放出来的挥发性物质吸入体内，或某些芳香物质与皮肤表面直接接触，引起人体生理反应，以达到保健或振奋精神的目的。在芳香疗法中，通常使用精油来舒缓压力与增进身体健康，通常可以使用一种精油，也可以是几种精油混合在一起。常规 2～5 种精油可组成配方，根据各种不同精油的特性及化学性质，经组合调配后制成成品。芳香疗法的方式有很多种，包括熏蒸、沐浴、按摩、刮痧、吸入等方法，通过人体的嗅觉、味觉、触觉功能，调节人体中枢神经系统、内分泌系统等，使身心恢复协调，消除忧郁、焦虑、烦闷、愤怒等情绪和疲劳的感觉。

1.香气吸入疗法

人体中嗅觉感受器神经元位于鼻腔中一个相当小的区域，称为嗅上皮。嗅上皮受到嗅觉神经刺激时，立刻以生物电方式将信息传递到大脑的中枢神经系统，产生嗅觉感觉。由于嗅上皮能对各种气味做出不同的响应，信息反映到大脑，便使人们产生各种不同的感受。香料和精油产生的香气，通过嗅觉对人体产生微妙的生理和心理作用，精油的芳香物质进入人体后，经血液循环输送到身体的各个器官，促进人体内细胞的新陈代谢，激发机体的活性，安神定志，使人的精神处于轻松状态，从而收到美容、健身的功效。人们知道，心情抑郁会引起免疫系统紊乱而致病，一些花香则可使人产生开朗欢愉的情绪。例如，如果你想平静下来，可以闻闻茉莉、丁香、柑橘或老鹳草、紫罗兰、玫瑰、橙花、柠檬等芳香气味。下面举几个香气吸收疗法的应用实例。

实例 1　实践证明，香气吸入疗法用于困倦、提高注意力具有一定效果。茉莉花、玫瑰花、石竹花的香气，比一杯浓咖啡更能使大脑兴奋起来。如果教室里充满薄荷或铃兰的香气，学生在考试时，会回答得更好。薰衣草香气具有稳定情绪、提高注意力的作用。有人试验在驾驶室置放薰衣草香精，结果提高了司机的注意力，保证了安全行驶。儿童在菊花、薄荷香气环境中学习，会思路清晰、增强记忆，有益于提高学习成绩。橙子、柠檬香气使人愉快而且渴望工作，将这些香气缓缓送入车间，可以使工人提高生产率。水仙花香气能驱除疲劳，长期从事脑力劳动者的房间里使用水仙花香精，能减轻大脑疲劳，提高工作效率。

实例 2　香气吸入法对于神经系统的治疗是非常有效的。某些香料及精油对神经有镇静或刺激作用。嗅闻薄荷脑、樟脑等可以使昏倒的人很快恢复知觉。用干的迷迭香草、薰衣草、甘牛至草、啤酒花等装填的"芳香枕头"，会使人感到非常舒适、刺激神经系统，起镇定情绪作用。用鼠尾草油、薰衣草油、缬草油、荆芥油、啤酒花油、玫瑰油、迷迭香油等可以配制芳香蜡烛，点燃芳香蜡烛，使精油吸入体内，可以松弛神经，有益于入眠。

实例 3　某些精油对治疗咳嗽也有作用。精油可以减轻咳嗽，并且使痰容易吐出。用于治疗咳嗽及呼吸道非特定性刺激的精油，有茴香油、春黄菊油、桉树油、小茴香油、针枞油、矮松针油、松节油、百里香酚等；最常用的单体香料有樟脑、薄荷脑、桉叶油素、百里香酚、愈创木酚等。

众所周知，天然芳香植物释放出来的芳香气或药草气息中，含有很多有机化合物成分，例如薄荷醇、芳樟醇、香茅醇、橙花醇、香叶醇、丁香酚、异丁香酚、樟脑、龙脑、桉叶油素等成分，正是这些对人体有益的成分，在香气疗法中起着关键作用。

2.芳香物质按摩疗法

将具有一定功效作用的天然精油抹在皮肤表面，然后进行按摩，也有将精油与渗透能力很强的杏仁油、桃仁油、葡萄籽油或葵花籽油混合使用，对缓解身体疲劳、精神紧张、睡眠不佳均有益处。

中国古代宫廷的贵族们，常用玫瑰水进行沐浴。而在现代，则有人在洗澡时，向浴缸中加入薰衣草油，然后进行浸泡和按摩，会使紧张情绪沉静下来，产生一种令人愉快的感觉。在沐浴剂或按摩剂中添加天然芳香精油，在闻花香的同时，通过按摩使有效成分渗透到体内，对改善人体功能有一定益处。

除香气吸入疗法和芳香物质按摩疗法外，芳香疗法的明显效果，还在于精油的抑菌和杀菌作用。例如，丁香油、薄荷油、迷迭香油、肉桂油、樟脑油、桉树油、苦艾油、柠檬草油、松节油等对霉菌、细菌和微生物有强烈的抗抑作用。按照我国的传统习俗，在端午节时会用苍术、艾叶、白芷、芸香、菖蒲等做薰香，具有一定的杀菌消毒效果。

二、芳香疗法常用香料

经过人们长期芳香疗法的实践，已确定一些常用于芳香疗法的天然香料和合成香料，主要品种和功能如下：

1.苏醒兴奋功能香料

薄荷油、桉树油、柠檬油、香茅油、罗勒油、鼠尾草油、百里香油、迷迭香油、公丁香油、牛藤草油、海索草油、洋葱浸液、大蒜浸液、百里香酚、甲酸、乙酸、甲酸乙酯、甲酸丙酯、乙酸甲酯、乙酸乙酯、乙酸丁酯、乙酸庚酯、乙酸壬酯、乙酸薄荷酯、乙酸异薄荷酯、三甲基环己醇、烯丙基二硫醚等。

2.催眠安定功能香料

茉莉油、春黄菊油、橙花油、壬醇、癸醇、苯乙醇、碳酸甲酯、碳酸乙酯。

3.抑制食欲功能香料

艾蒿油、迷迭香油、桉树油、没药油、乙酸苯酯、愈创木酚、甲酚、苯硫酚、吲哚、吡啶、对甲基喹啉、异喹啉、樟脑、硫醇、硫化氢、氨气、有机胺类化合物等。

4.促进食欲功能香料

罗勒油、紫苏油、月桂油、柠檬油、甘牛至油、百里香油、刺柏子油、肉豆蔻油、姜油、葱油、大蒜油、香芹酮、龙蒿醇、榄香醇等。

5.抗偏头痛功能香料

柑橘油、柠檬油、香柠檬油、薰衣草油、迷迭香油、罗勒油、薄荷油、樟脑油、桉树油、桉叶油、薄荷脑等。

6.戒烟功能香料

柑橘油、柠檬油、香柠檬油、丁香油、肉桂油、肉豆蔻油、肉豆蔻衣油、姜油、丁香酚、柠檬醛、羟基香茅醛等。

7.止呕吐、抗昏迷功能香料

薄荷油、苦艾油、桉树油、迷迭香油、樟脑、薄荷脑、桉叶油素、乙酸、乙酸乙酯等。

8.促进性欲功能香料

檀香油、雪松油、杜松子油、岩蔷薇油、薄荷油琥珀、麝香等。

9.抑制性欲功能香料

淡紫花杜荆油、苦艾油、鼠尾草油、樟脑油、樟脑、桉叶油素等。

10.抗抑郁、镇定功能香料

薰衣草油、柠檬油、香柠檬油、甘牛至油、迷迭香油、香紫苏油、鼠尾草油、肉豆蔻油、肉豆蔻衣油、肉桂油、罗勒油、丁香油、玫瑰油、茉莉油、橙叶油、姜油、龙脑、柠檬醛、香茅醛、玫瑰醇、橙花醇、香叶醇、芳樟醇等。

最后应该指出的是，尽管许多天然芳香植物对人体是有益的，但由于各种花香和香料的香气的化学成分不同，药理的作用千差万别，有些花还是有毒的。例如，黄杜鹃花中含有闹羊花毒素，毒性很大，使用不当会引起休克；再如醉鱼草花，将它投入鱼池，鱼就会死亡，家畜吃了这种花朵，会引起呕吐。由于各种花香的功能不同，对人体的弊益也不同，因此，使用花香疗法，应在医生的指导下进行。

第三节　香精在环境中的应用

一、室内芳香剂

随着人们生活水平的提高，城市化进程的加快，人们在物质生活极大丰富的同时，对生活品质提升的需求不断增加。相应地，人们对于室内芳香剂的需求及其质量的关注度逐年增加。在居室、办公室、生产车间、汽车、飞机、卫生间、剧场、宾馆、医院、体育和文化娱乐场所等人员比较密集的地方，室内芳香剂的使用已经相当普遍。

从形态上来分类，目前使用的室内芳香剂可以分为喷雾型、液体型和固体型三类。

（一）喷雾型芳香剂

喷雾型芳香剂主要是由香精、溶剂和喷射剂组成的。目前，普遍使用的喷射剂是氟利昂（包括 F-11、F-12、F-114）、丁烷和二氧化碳。

1.喷雾型芳香剂配方

实例1 干雾型芳香剂

乙醇（96%）	20.0～50.0g	香精	0.5～1.0g
抛射剂（F-11/F-12）	80.0～50.0g		

实例2 湿雾型芳香剂

乙醇（60%～80%）	60.0～90.0g	香精	0.5～1.0g
抛射剂（F-12/F-114）	40.0～10.0g		

实例3 醇基型喷雾芳香剂

异丙醇	86.5g	抛射剂（二氧化碳）	5.0g
蒸馏水	5.0g	香精	0.5g
二缩乙二醇	3.0g		

实例4 油基型喷雾芳香剂

矿物油	24.5g	抛射剂（F-11）	37.5g
抛射剂（F-12）	37.5g	香精	0.5g

实例5 水基型喷雾芳香剂

蒸馏水	60.5g	乙二醇	2.0g
乳化剂	1.5g	香精	1.0g
抛射剂（液体丁烷）	35.0g		

实例6 溶剂型喷雾芳香剂

乙醇（96%）	17.5g	抛射剂（F-12）	40.0g
抛射剂（F-11）	40.0g	香精	0.5g
乙二醇	2.0g		

2.喷雾型芳香剂香精配方

配方1 木香-果香型喷雾芳香剂用香精

松针油	36	香叶油	4
甜橙油	15	乙酸芳樟酯	14
柏木油	12	麝香 T	5
杂薰衣草油	5	柠檬醛	2
月桂叶油	5	苯甲醛	2

配方 2　紫丁香型喷雾芳香剂用香精

松油醇	26.0	α-戊基桂醛	7.0
苯乙醇	18.0	茴香醛	4.5
异丁基二氢桂醛	10.0	乙酸苄酯	4.5
肉桂醛	9.0	异丁香酚	2.0
羟基香茅醛	9.0	苯乙醛二甲缩醛	1.0

配方 3　香藜花型喷雾芳香剂用香精

乙酸苄酯	30.0	肉桂醇	5.0
松油醇	17.0	α-戊基桂醛	5.0
异丁基二氢桂醛	10.0	乙酸苯乙酯	2.5
水杨酸苄酯	10.0	水杨酸戊酯	2.5
邻苯二甲酸甲酯	5.0	茴香醛	2.5
香叶醇	5.0	异丁香酚	2.5
萘甲醚	1.0	邻羟基苯甲酸甲酯	0.5
芳樟醇	1.5		

配方 4　花香型喷雾芳香剂用香精

松油醇	20	玫瑰木油	10
乙酸苄酯	20	橘子油	10
苯乙酮	15	香茅油	6
乙酸松油酯	5	丁香油	5
麝香 T	3	柠檬草油	4
肉桂醛	2		

（二）液体型芳香剂

液体型芳香剂分水型和油型两种。其主要成分是溶剂和香精。最简单的使用方法是，将 5cm×30cm 的纱布条，用液体芳香剂润湿以后，悬挂在房间内，也可以将液体芳香剂倒在具有艺术造型的容器中，使香气扩散出去。下面列举几种液体芳香剂香精配方。

配方 1　玫瑰芳香剂用香精

香叶醇	48	乙酸苄酯	4
苯乙醇	35	α-戊基桂醛	2
松油醇	5	丁香酚	2
紫罗兰酮	4		

配方2　茉莉芳香剂用香精

乙酸苄酯	45	丙酸苄酯	5
α-戊基桂醛	20	苄基异丁香酚	3
芳樟醇	18	乙酸苯酚酯	2
乙酸芳樟酯	6	卡南加油	1

配方3　薄荷型芳香剂用香精

薄荷醇	30.0	薄荷呋喃	5.0
乙酸薄荷酯	19.0	胡薄荷酮	3.0
薄荷酮	1.0	柠檬桉油	8.0
香芹酮	1.5	2-甲基-2-乙基己酸甲酯	30.0
胡椒酮	2.5		

配方4　古龙型芳香剂用香精

香柠檬油	30	柠檬油	20
柑橘油	20	苯乙醇	20
柠檬醛	2	麝香T	5
香豆素	3		

（三）固体型芳香剂

固体型芳香剂有凝胶型、石蜡型和塑料型三种类型。

1.凝胶型芳香剂

凝胶型芳香剂一般是将80％的水和20％的水溶性香精混合后，用此溶液溶解凝胶，当凝胶固化以后即可使用。常用的凝胶剂有骨胶、琼脂、聚乙烯醇、聚乙烯吡咯烷酮等。在有些固体型芳香剂中，尚可加入少量氯化钾、藻酸钠和羧甲基纤维素钠等添加剂。

实例1　将聚合度为1700的聚乙烯醇7份，用100份水将其溶解，然后再加入3份香精和0.5份表面活性剂，经充分搅拌后制成水性乳浊液。在不停地搅拌上述乳浊液的同时，加入3.5份吸水率为自重130倍的异丁烯无水马来酸共聚物高吸水性树脂粉末，静置1min后，水溶性乳浊液会被吸水性树脂粉末全部吸收，从而得到凝胶型芳香剂。

实例2　在搅拌下用72.65份水溶解0.05份防腐剂，然后逐渐加入3份羧甲基纤维素钠，使其形成浓稠透明的凝胶溶液A。在搅拌下用19.86份水溶解0.1份色素和0.04份六偏磷酸钠，然后逐渐加入非离子表面活性剂2份、香精2份、碱性硫酸铬（33％Cr_2O_3）0.3份，配制成溶液B。将A和

B 两种溶液混合均匀以后，倒入艺术造型的模子中，30min 后便可形成凝胶型芳香剂。

2.石蜡型芳香剂

石蜡型芳香剂的主要成分是石蜡（70%左右）和油溶性香精（15%左右），尚需添加少量高分子化合物、钛白粉、颜料等添加剂。具体制作方法列举如下。

将 60 份石蜡、10 份微晶石蜡和 5 份凡士林加热到 90～100℃制成熔融物 A。将 2.5 份乙烯-乙酸乙烯酯共聚物、浓度为 30%的丁基橡胶石蜡溶液 5 份、2 份二氧化钛和少量颜料等配成混合物 B。将 A 和 B 在搅拌下混合均匀，待混合物冷却到 70～75℃时，加入 15 份香精。将上述芳香混合物倒入模具中，待外层固化而内层尚未固化时，倒出内层芳香混合物，填入廉价材料，待完全固化后取出，便可生产出不同外观艺术造型的石蜡芳香剂。

3.塑料型芳香剂

塑料型芳香剂是由热塑性树脂、增塑剂、安定剂、膨松剂和香精混合，然后再经热压造型而成的。塑料型芳香剂可以制成花草树木等许多艺术造型。由于塑料型芳香剂加工过程中需要加热，低沸点的头香剂容易挥发，所以此类产品往往头香明快感显得不足。此类香精有时用石蜡为溶剂。

玫瑰香塑料用香精

香叶醇	15	乙酸香叶酯	2
苯乙醇	10	紫罗兰酮	2
香茅醇	20	丁香酚	1
橙花素	3	酮麝香	1
玫瑰醇	3	麝香 T	1
玫瑰油	2	石蜡	50

除了传统的空气清新剂，相关产品还包括香薰蜡烛、香薰油、香薰石、香薰机、扩香器等衍生产品。香薰蜡烛是由主燃剂、香精、颜料、添加剂、灯芯等组成，主燃剂多以石蜡为主；香薰蜡烛造型丰富，燃烧时能散发香味，与普通蜡烛相比，香薰蜡烛燃烧时间长，具有不流泪、不自熄、黑烟量少等良好的燃烧表现，其香味的传播空间、时间可以控制，但使用时需要注意高温和防火。香薰油以溶剂、香精为主要原料，通过异丙醇等溶剂挥发，释放芳香气味；香薰油的扩香方法主要有 USB 扩香器、精油扩香仪、精油加湿器以及藤条、通草花、棉绳等介质，无需点火，是近年来十分流行的室内加香用品。香

薰石是以散香石、水晶等天然矿石为基底，配合香薰油组合使用；香薰石具有多孔性结构，吸附能力、扩香能力强，通过缓释技术将储存于内部的、容易汽化的香薰油释放出来，散发香味，无需加热或通电，适合小范围空间使用。

二、除臭赋香剂

（一）环境用除臭赋香剂

在人群密集的场所、厨房、厕所、垃圾站、畜牧场等地方，往往散发出令人不愉快的臭气。这些臭气大多含有硫化物、胺类、酚类、脂肪酸和脂肪醛等化合物。为了除去这些环境中的臭气，目前主要采取三种方法。一种是采用化学试剂、生物技术或表面吸附的方法，中和或分解恶臭物质，使环境中臭气源彻底清除。另一种是采用香气隐蔽臭气和麻痹嗅觉神经的方法，这种方法虽然不能彻底消除臭气源，但是简单易行。第三种方法是使用同时具有消臭和赋香两种功能的消臭赋香剂，这种消臭赋香剂能缓慢地放出具有氧化作用的气体，可以氧化分解臭气源而达到除臭的目的；另外，它还可以不断地释放芳香性气体，而使空气清新。

1.固体除臭赋香剂

将含有 0.03% 三氧化二铁的合成硅酸钙粉末（表面积 $110m^2/g$，吸油量 $10mL/g$，粒径 $1\sim20\mu m$），制成直径为 5mm 的球粒或厚度为 5mm 的小片。取 100 份使其吸附浓度为 5000mg/kg 的稳定化了的二氧化氯液体 80 份，再吸附香精 50 份，干燥后即为成品。将这种固体赋香剂放在透风性容器中，其除臭赋香时间可保持 $40\sim50$ 天。

2.液体除臭赋香剂

将 13 份氯化亚铁溶解于 100 份水中，然后再加入 2 份马来酸，搅拌溶解后即制成液体除臭剂。这种液体除臭剂效果优良，对硫化氢气体和氨的除臭率达到 100%。如果在这种液体除臭剂中加入少量香精，便可成为液体除臭赋香剂。

3.除臭气雾剂

将 46 份乙醇、40 份椰子油皂、10 份苹果酸、5 份肉桂油、0.5 份薄荷油、0.5 份叶绿素混合搅拌均匀后制成除臭剂基剂。

由 60g 上述除臭剂基剂、20g F-11 抛射剂、20g F-12 抛射剂，便可制成除臭气雾剂。这种除臭气雾剂可以用于房间、厨房、卫生间等许多场所。

配方1　柠檬香室内除臭剂香精

香柠檬油	30	麝香 T	5
柠檬油	20	香豆素	3
柑橘油	20	柠檬醛	5
苯乙醇	20		

配方2　清凉花香室内除臭剂用香精

樟脑	50	乙酸戊酯	20
龙脑	10	乙酸乙酯	10
薄荷脑	10		

（二）人体用除臭赋香剂

人体由于出汗，特别是腋下分泌出来的含脂质和蛋白质多的汗，因为受细菌的分解、腐败往往产生臭味。为了防止人体分泌和散发不愉快的体臭，人体用除臭赋香剂近年来有很大的发展。防止体臭的方法主要有三种：使用止汗剂抑制出汗，使用杀菌剂阻止细菌活动，用香气掩盖体臭。将三种方法结合起来是今后发展的方向。

目前最常使用的除汗臭剂有 1-羟基-6-甲基-2-吡啶酮、甘氨酸锌、硫酸铝、羟基氯化铝、羟基苯磺酸锌等。

实例1　除臭赋香剂

乙醇	30	异辛酸甘油三酸酯	3
丙二醇	5	聚氧乙烯壬苯基醚	3
香精	1	1-羟基-6-甲基-2-吡啶酮	2
蒸馏水	56		

实例2　长效除汗臭剂

硫酸铝	25	白炭黑	2
冰醋酸	72	香精	1

这种长效除汗剂在皮服上不胶粘，刺激性小，在 24 小时内有效。

（三）鞋用芳香除臭剂

鞋子和袜子穿久了会产生一种恶臭气味，这是由于多种霉菌滋生繁殖所引起的结果。为消除臭味，过去多采用向鞋内喷洒芳香性物质以掩盖臭气，或者采用向鞋内喷入中和剂，将臭味中和而除之的方法。但是这些方法都不能从根本上解决鞋臭。下面介绍几种具有很强杀菌作用的鞋子、袜子、鞋垫用芳香除臭剂。

1.鞋子芳香除臭剂

实例1　将9份罗汉柏油、3份香茅醇混合后，在其中加入6份乙醇，缓缓搅拌混合均匀即可。这种鞋用除臭剂杀菌效果好，除臭作用强，成本低，气味香。

实例2　将70份95％乙醇、10份蒸馏水、5份甘油、3份苯甲醛、2份聚乙烯吡咯烷酮、1份薰衣草香精和适量的香豆素混合均匀，即可配制另一种鞋用芳香除臭剂。这种除臭剂对消除尼龙袜和运动鞋的臭味很起作用。

2.防臭鞋垫

腈纶袜子和运动胶鞋，穿在脚上运动量大时，脚汗水与温度构成了适于微生物繁殖和腐败的条件，从而产生恶臭。下面介绍一种以腈纶材料为主做成的防臭鞋垫，经过药液处理，对金黄葡萄球菌、白色念珠菌等10个菌种有强烈的杀灭作用，从而可以防止脚臭。

将5份硫酸铜、1份硫代硫酸钠置于搪瓷容器中，用2000份水将其溶解，然后将做好的含有腈纶织物的鞋垫浸入搪瓷容器中。在40～50℃下浸泡40～50min，然后将鞋垫取出洗净，放入另一个装有200份水和0.1份碱性浆的染料溶液容器中，再在40～50℃下浸泡40～50min，最后把鞋垫洗净晾干。

三、香袋、香笼

香袋和香笼所用的芳香剂，有固体和膏状两种类型。将少许芳香剂装入小巧玲珑的香袋或香笼中，可以随身携带，也可以置于房间中，散发出迷人的芳香。固体芳香剂的制作方法比较简单，将干花瓣、干草叶、木粉、碎根等天然芳香植物原料用球磨机碎成粉末后，再与少许精油及合成香料均匀混合即可。膏状芳香剂的制作则比较复杂一些。

1.粉末状香袋（笼）芳香剂

配方1　向日花香袋用芳香剂

干鸢尾根	18	柏木粉	10
白檀香粉	12	玫瑰木粉	10
干薰衣草	10	麝葵子	5
玫瑰花瓣	8	黑香豆	3
广藿香	7	丁香	1

安息香	6	向日花香基	10

配方 2　玫瑰香袋用芳香剂

玫瑰花瓣	70.0	香叶油	2.0
鸢尾根	15.0	玫瑰油	0.5
广藿香油	5.0	苯乙醇	1.5
安息香	5.0	酮麝香	0.3
丁香	2.0	龙涎香酊（3%）	0.5

配方 3　茉莉香袋用芳香剂

玫瑰木	70.0	乙酸苄酯	0.2
鸢尾根	25.0	α-戊基桂醛	3.0
依兰依兰油	1.0	酮麝香	0.3
灵猫香酊（3%）	0.5		

配方 4　紫罗兰香袋用芳香剂

鸢尾根	40.0	甲基紫罗兰酮	3.0
白檀木	30.0	麝香 T	0.6
雪松木	20.0	茉莉香基	0.3
岩兰草油	3.0	紫罗兰叶油	0.1
安息香	2.0		

配方 5　薰衣草香袋用芳香剂

薰衣草花	45.0	薰衣草油	2.0
白檀木	20.0	香柠檬油	1.0
鸢尾根	10.0	香荚兰酊（10%）	1.0
广藿香叶	10.0	橙叶油	0.5
橡苔净油	0.2	酮麝香	0.3

配方 6　康乃馨香袋用芳香剂

鸢尾根	35.0	甲基异丁香酚	1.0
白檀木	20.0	水杨酸戊酯	0.5
丁香	20.0	松油醇	0.5
玫瑰花瓣	12.0	香兰素	0.5
安息香	5.0	酮麝香	0.3
黑香豆	3.0	肉豆蔻	0.1

配方 7　素心兰香袋用芳香剂

白檀木	30.0	海狸香酊（3%）	1.0
广藿香油	30.0	依兰依兰油	0.5

玫瑰花瓣	15.0	香兰素	0.4
薰衣草花穗	10.0	麝香 T	0.3
雪松木	5.0	黄樟油	0.3
岩兰草根	3.0	赖百当香膏	0.1
黑香豆	2.0		

2.膏状香袋（笼）芳香剂

膏状香袋（笼）芳香剂的主要组分有蒸馏水、乳化剂、增稠剂、防腐剂和液体香精。香精的香型根据需要可以任意选择。下面举一个具体制作例子供参考。将 14 份甘油单硬脂酸酯、8 份硬脂酸、2 份矿物油（黏度 70mPa·s）和 0.1 份羟基苯甲酸丙酯混合后，加热到 80℃，配成混合液 A。将 4 份三乙醇胺、5 份丙二醇、0.2 份羟基苯甲酸甲酯、0.3 份咪唑烷基尿素和 61.4 份蒸馏水混合后，加热到 80℃，配成溶液 B。将 4 份茉莉香精与 1 份聚乙二醇（20）三梨糖醇硬脂酸酯相混合配成溶液 C。将 A 和 B 在 80℃下相混合，然后停止加热，在缓慢搅拌下，当冷却到 45～50℃时将 C 倒入其中，冷却到室温。取少许膏状芳香剂置于香袋或香笼中便可放出迷人的香气。

第四节　香精在饲料中的应用

饲料调味剂是以一种调味物质添加增味物质或辅料，或两种以上（含两种）调味物质，添加或不添加增味物质或辅料，经调配、混合加工而成的用以改善饲料风味或适口性的均匀混合物。饲料调味剂按照其香味特征主要包括香味剂、甜味剂和鲜味剂。香味剂用于赋予、改善或增强饲料的香味，如柠檬醛具有新鲜柠檬的香气，适用于调制果香型香味剂，常用于猪、牛饲料香味的调配。甜味剂用于提升饲料的甜味，如糖精钠、山梨糖醇等。鲜味剂，即谷氨酸钠。饲料用香精是指专门用于各类动物饲料加香的食用香精。

一、饲料香精使用的目的

1.刺激分泌腺体，促进消化器官发育

饲料香精可以刺激动物体分泌腺的活动，促进唾液、胰液和肠胃液的分泌，促进胃肠道的生长发育，使其加速完善消化功能，提高营养成分吸收率，促进家畜、家禽的增长。

2.改善饲料的适应性，增加采食量

在饲料中添加香精，可以掩盖饲料的不良气味，改善饲料适口性，促进食欲，增加采食量，加速家畜、家禽的生长，缩短饲养期，提高饲料报酬率，增加经济效益。

3.引诱幼畜提早采食、缩短哺乳期

饲料的气味，对幼畜提早采食有着重要作用。饲料香精可以引诱幼畜提早采食，缩短哺乳期。由于幼畜断奶时间提前，母畜的空怀时间缩短，母畜生育能力提高，促进了畜牧业的发展。

4.改善食用肉质量，延长肉的保鲜期

食品公司在猪、牛和鸡被宰之前一周，在普通饲料中加入胡椒、花椒、丁香、姜以及肉豆蔻等调味料。他们进行这种实验的目的，不只是为了使肉吃起来更加香味浓郁，而且还可以延长肉的保鲜期。

二、饲料香精原料

饲料香精亦可称为饲料调味剂，主要是由天然精油、调味香料、合成香料、酸味剂和甜味剂调配而成的。主要香型有：甜味型、奶味型、黄油味型、奶酪味型、鱼味型、虾味型、鸡味型和肉味型等。产品形态有微胶囊型、颗粒型、饼干型、罐头型、香肠型或液态型等。

1.常用的天然香料

葱油、葱末、蒜油、蒜末、姜油、姜末、茴香籽油、茴香籽粉、花椒油、花椒粉、芥菜籽油、芥菜籽粉、芝麻油、啤酒花、芳樟油、香草油、甘草、甘草浸液、丁香、肉豆蔻、干奶酪粉、鱼粉、虾皮粉等。

2.常用的合成香料

乙酸、异丁酸、乳酸、柠檬酸、氨基酸类、丁酸酯类、乳酸酯类、乳酸丁酰丁酯、糠醛、柠檬醛、香兰素、乙基香兰素、麦芽酚、乙基麦芽酚、丁二酮、γ-壬内酯、糠硫醇、二糠基二硫醚、3-巯基丙醇、3-甲硫基丙醇、3-甲硫基丙醛、2-甲基-3-乙酰硫基呋喃、MCP、呋喃酮等。

三、饲料香精的应用

目前，饲料香精在鸡、猪、牛、鱼和观赏动物饲料中已得到了广泛的应用。

1.在鸡饲料中的应用

在养鸡饲料中大蒜很有实用价值。蒜粉或蒜油，可以增加鸡的食欲，杀死肠内细菌，减少消化系统疾病，防止产蛋率降低。啤酒花中含有卵泡雌激素，对于增重效果明显。例如，将啤酒花在 60～70℃下干燥到水分在 5％以下，在 0℃下粉碎，然后以 0.15％的比率添加到鸡饲料中，用这种鸡饲料喂养的小鸡，10 周后平均体重达到 3337g，比没有用啤酒花饲料喂养的小鸡增重 634g。用含有异丁酸、丁二酮、γ-壬内酯的饲料香精可以增加鸡的食欲，对缩短饲养周期作用显著。

2.在猪饲料中的应用

猪饲料香精在乳猪的饲养中作用比较明显。含有茴香酚、茴香油、丁二酮、γ-壬内酯、乳酸酯类、异丁酸酯类、乳酸丁酰丁酯、砂糖、味精等成分的甜奶味香精，深受猪仔的喜爱，用添加甜奶味香精的猪饲料代替母乳喂养产后 1～2 个月的仔猪，不仅能诱导仔猪早日吸食，而且促进消化酶作用更加活跃，使猪仔消化能力增强，对体重增加很有好处。另外，由于仔猪哺乳期缩短，促使母猪提前受胎，可以增加生猪存栏数。

3.在牛饲料中的应用

据有关文献报道，牛对砂糖、柠檬酸、乳酸、香兰素、乙基香兰素、丁二酮、乳酸乙酯、乳酸丁酯等乳酸酯类香料嗜好性很大，用含有乳味香精的母乳代用品，从牛仔生下 10 天即可开始逐步使用，到 6～7 周后可以完全改用人造牛奶饲料喂养幼牛。

4.在鱼饲料中的应用

用鱼粉、饲料酵母、维生素、矿物质、土豆生淀粉、植物蛋白、海鲜香精和适量水混合后，在 90～100℃、0.4～0.5MPa 压力下，制成柱状多孔性饲料，鱼类、虾类非常嗜好，对咬食性、消化性均有促进作用。

5.在观赏动物饲料中的应用

在猫、狗、鱼、鸟等观赏动物饲料中，狗和猫饲料消费量最大。用含有饲料香精制成牛肉型、鸡肉型、奶酪型、奶油型、鱼香型的罐头或香肠，在观赏动物食品市场中很受欢迎。

第五节　香精在除害虫中的应用

人类与害虫斗争的手段目前主要还是采用杀虫剂。杀虫剂的大量使用，不但使生态环境遭受严重污染，害虫的抗药性增加，而且在杀死害虫的同时，益鸟和益虫也受到了危害。为了克服杀虫剂的缺点，利用引诱剂诱杀害虫已引起国内外的重视。

一、引诱剂

大量的研究证明，一般昆虫都会排出同种异性间相互吸引的性信息素和召集同类的集合信息素。人们可以仿制害虫性信息素和集合信息素的气味，引诱害虫集中在一起，然后进行捕杀，或者用性信息素打乱害虫的交配规律，使之无法繁衍后代。虫害治理的关键目标是把破坏性杀虫剂的使用减少到最低限度和保护害虫的天敌，与此同时作物不受损失。由于不用农药，害虫的天敌增多，所以第二代害虫，如卷叶虫、木虱、蚜虫和潜叶蝇也得到了控制。

对动物能产生引诱作用的物质称为引诱剂。因为这类物质具有某种特征气味，所以，从广义上来说，引诱剂也属于香料、香精中的一类。国内外生物化学家和香料专家已经发现，很多天然香料、合成香料均可作昆虫引诱剂，举例如下。

1.瓜蝇引诱剂

茴香基丙酮、4-(p-乙酰氧基苯)-2-丁酮、4-(p-羟基苯)-2-丁酮等。

2.果蝇引诱剂

香茅油、δ-壬内酯、γ-(4-戊烯基)-γ-丁内酯等。

3.地中海果蝇引诱剂

当归油、6-(E)-壬烯醇、6-(E)-壬烯酸酯、2-甲基-4-环己烯酸叔丁酯、4-氯-2-甲基-环己烯基叔丁酯等。

4.东洋果蝇引诱剂

甲基异丁香酚、2-烯丙氧基-3-乙氧基苯甲醛、藜芦醚酸等。

5.蔬菜象鼻虫引诱剂

芥子油、异硫氰酸丙酯等。

6.蜚蠊引诱剂

麦芽酚、乙基麦芽酚等。

7.美洲大蠊引诱剂

d-乙酸龙脑酯、檀香醇等。

8.黄松蠹引诱剂

红松树皮、安息香酸、α-蒎烯、β-蒎烯、薄荷-1,8-二烯-4-醇、薄荷-8-二烯-1,2-二醇等。

9.金龟子引诱剂

丙酸苯乙酯、丁酸苯乙酯、丁香酚、香叶醇等。

10.二化螟虫引诱剂

β-甲基乙酰基苯等。

11.热带斑蚊引诱剂

l-乳酸、二氧化碳等。

12.白蚁引诱剂

叶醇等。

13.马蜂引诱剂

茴香脑、金合欢醇、香叶醇、茴香脑等。

14.蜜蜂引诱剂

茴香脑、丁香酚等。

15.棉红铃虫引诱剂

乙酸、7-顺式十六烯醇酯等。

二、驱避剂

人类在与自然界灾害的斗争中，发现某些物质的气味对动物有驱避作用，这类物质称为驱避剂。驱避剂对保护人类安全和健康有一定作用。

1.蚊子驱避剂

柏木油、雪松油、樟脑油、香茅油、香茅醇、2-乙基-1,3-己二醇、邻苯二甲酸二甲酯、N,N-二甲基间甲苯甲酰胺、N,N-二乙基间甲苯胺、丁氧基聚丙二醇等。

2.苍蝇驱避剂

香叶油、檀香油、薄荷醇、柠檬醛等。

3.壁虱驱避剂

甲酸橙花酯、2-叔丁基-4-羟基苯甲醚等。

4.蜚蠊驱避剂

薄荷油、薄荷醇、芳樟醇、香叶醇、桂醇等。

5.蟑螂驱避剂

琥珀酸二正丁酯、氨基甲酸衍生物、辛基硫衍生物等。

6.猎狗驱避剂

肉桂醛、γ-壬内酯、2,6-二甲基吡啶、二乙基甲苯酰胺等。

7.野兽驱避剂

2,6-二甲基吡啶、2-甲基-5-乙基吡啶、三甲基吡啶、N,N-二甲基间甲苯甲酰胺等。

实例1　驱蚊香露

在250mL圆底烧瓶中加入80mL水和15g硬脂酸，加热至85℃左右使硬脂酸完全溶解。在250mL烧杯中加入40mL水、5.5mL甘油、1g无水碳酸钾、0.5g硼砂，加热至85℃左右使之完全溶解。在搅拌下将此溶液缓缓加入圆底烧瓶中，待皂化反应完毕以后停止加热，在继续搅拌下使皂化液冷却到30℃左右时，加入5g邻苯二甲酸二甲酯和1g香精，所配成的溶液搅拌冷却至室温后即成。这种驱蚊香露搽在皮肤上有一种舒服感，不损害皮肤，不油污衣服，使用起来十分方便。

实例2　芳香灭害灵

将100kg 95%酒精、0.35kg苄氯菊酯、0.15kg胺菊酯和0.15kg香精加入100～150L的搪瓷反应锅内，在25～30℃下搅拌1h即可。这是一种由国际红十字会、联合国卫生组织推荐的高效、低毒、多功能的卫生消毒杀虫剂，对蚊子、苍蝇、蟑螂、虱子、跳蚤、白蚁等害虫有强烈的灭杀能力，对花卉、树木上的蚜虫、青虫、铃虫、毛虫、飞蛾等害虫也有良好的触杀作用。这种灭害灵使用方便，安全可靠，在室内、室外、仓库、食品厂等场合均可用喷雾器喷洒。

第六节　香精在印刷品中的应用

　　芳香纸和芳香印刷品已引起了人们的极大兴趣。当打开日本《香料》杂志的时候，你会嗅到一种令人愉快的花香，这种香气会激起人们强烈的阅读欲望。在人们交往中赠送带有芳香气味的名片时，会增进人们的感情。芳香日历挂在房间，会制造一种温馨的环境。香手纸会掩盖厕所不舒适的气味。

　　香精在印刷品中加香的方法主要有：在造纸过程中将香精添加到纸张纤维中或喷洒在纸张的表面上，也可将香精混入在印刷油墨中。

配方1　芳香纸用香精

安息香香膏	30.0	丁香花蕾油	17.5
岩蔷薇香树脂	20.0	β-萘乙醚	5.0
苏合香香膏	10.0	麝香 T	2.5
没药香树脂	5.0		

配方2　名片用琥珀香精

麝香酊剂（3％）	20.0	灵猫香酊剂	5.0
龙涎香酊剂（3％）	25.0	赖百当香脂	2.5
橡苔净油	1.5	茉莉香基	2.0
玫瑰香基	4.0	苯甲基异丁子香酚	3.0
香兰素	4.0	安息香酊剂（10％）	30.0

配方3　画片用薰衣草香精

香柠檬油	20.0	安息香酊剂（10％）	45.0
薰衣草油	20.0	麝香 T	2.5
迷迭香油	3.0	香豆素	2.5
广藿香油	3.0	橡苔净油	2.0
百里香油	2.0		

配方4　喷洒包装盒香水香精

香叶油	4	肉桂酸苯甲酯	2
香柠檬油	3	香豆素	2
玫瑰香基	2	麝香 T	1
月下香香基	2	灵猫香酊剂（3％）	10

茉莉香基	1	安息香酊剂（3%）	72
橡苔净油	1		

配方5 油墨用康乃馨香精

丁子香酚	25	玫瑰油	15
羟基香茅醛	5	松油醇	7
芳樟醇	7	檀香油	8
铃兰香基	8	冰片	3
康乃馨净油	2	酮麝香	8

第七节　香精在涂料中的应用

在我国古代，花椒因其性味和暖、芬芳多籽，在人们心中有枝繁叶茂、人丁兴旺的寓意，因此常用花椒涂壁，如"茆壁兮紫坛，播芳椒兮成堂"。到了现代，为了创造一个环境舒适、香气怡人的居室或书房，芳香涂料开始在家庭中使用。它们可以粉刷在家具上，也可以涂刷在墙壁上。从香型上来看，淡雅的花香-青香、幽静的木香-森林香等香型比较适宜。为了留香持久，大多采用粉末香精。

涂料用粉末香精可以采用下面的方法制备：将3份聚乙烯醇溶解在90～100℃热水中，加入2份 β-环糊精，在高速搅拌下加入50份香精，经过滤和干燥后，即可得到环糊精包接粉末香精。

配方1 涂料用薰衣草香精

薰衣草油	35.0	艾油	5.0
松针油	25.0	山苍子油	2.0
乙酸芳樟酯	15.0	香豆素	1.0
芳香醇	8.0	月桂叶油	0.8
香叶醇	4.0	肉桂醛	0.2
乙酸香叶酯	4.0		

配方2 涂料用柠檬香精

柠檬烯	90.0	乙酸芳樟酯	2.0
柠檬醛	4.0	癸醛	1.0
柠檬油	1.0	芳樟醇	0.5
乙酸香叶酯	0.5	香茅醛	0.5
香叶醇	0.5		

配方3　涂料用松木香精

乙酸异龙脑酯	30	乙酸茴香酯	2
乙酸龙脑酯	20	乙酸苏合香酯	1
松针油	20	乙酸苄酯	1
落叶松脂	10	水杨酸戊酯	1
桉叶油	5	杂薰衣草油	1
杜松子油	3	柏木油	1
甲基苯乙酮	2	月桂醛	1
茴香醛	2		

第八节　香精在其它日用品中的应用

1.香味纺织品

我国古代就有服饰熏香的做法，既能够驱蚊避虫，也是穿戴者品位与修养的象征。现如今，芳香纺织品是指采用传统整理加香工艺或借助微胶囊等技术，将香料中的挥发性有效物质整理到纤维、纱线或织物上而得到的具有香味的纺织品。按照加香原料的不同，芳香纺织品的制备方法包括香精加香和芳香纳微胶囊加香；按照加香方式的不同，则包括纤维加香法、织物加香法以及洗涤加香法。常见的纺织品加香原料包括艾叶、薰衣草、香茅、玫瑰、桂花、茉莉等香料。

2.香味文教用品

近年来带有芳香气味的文教品种类日益增多。如香橡皮、香粉笔、香蜡烛、香胶水、香墨水等，香型各异，深受人们的喜爱。使用具有茉莉、玫瑰、丁香、铃兰、柠檬、香蕉、薄荷等香型的文教品，能使大脑兴奋起来，提升学习兴趣和工作效率。

3.香味伞

这种伞面为双层，内层为合成纤维布，吸附有花香型或果香型香精，外层为塑料薄膜，能抑制香味往伞外扩散。伞打开时，一股浓郁的芳香扑鼻而来，使人心旷神怡。

4.香味地毯

香味地毯的制作方法是，先将花香型、果香型或檀香型香精微胶囊化，使其吸附在毛线上，然后织成地毯或挂毯。这种香味地毯，香气浓淡适中，留香持久，经过外洗以后，香味不会消失。

5.香味枕头

香味枕头制作方法比较简单，可以将香精混入无纺布中或者将桧木等天然香料粉末置于枕头填料中。使用香味枕头，使人置于优雅芳香之中，起到芳香疗法的作用。

6.香味梳子

香味梳子手柄是空心的，通过手柄上的小孔，将半凝固态的香精注入其中。梳齿侧面有小缝隙，在梳头时香精可以均匀地附在头发上。香味梳子可以使用数十次。香精用完以后可以继续添加，使用起来非常方便。

7.香味耳环

不同的年龄、不同的职业、不同的时间、不同的场合，对香水的要求各异。为了适应多种多样的不同需求，小包装、多品种、具有20～30种不同香型的系列香水投放市场。首饰商们还生产了造型美丽的各式各样的可滴加香水的香味耳环。佩戴者可以任意选择香水，需要时滴1～2滴，不需要时可以洗掉。这种香味耳环深受人们的喜爱。

8.香味闹钟

美国有一种香味闹钟。在这种香味闹钟内装有一只带有微型阀门的浓缩香精盛装容器。一旦达到预定的时间，阀门会自动打开，芳香气体从香精盛器中释放出来，刺激睡眠者，使之愉快地苏醒。香味闹钟的"闹"完全改变了传统闹钟的含义。

9.香味塑料

香味塑料制品是在产品成型加工过程中加入了增香剂，使制品在使用时能散发出芳香气味，给人以新鲜、舒雅、清新的感觉，因而增添了塑料制品的使用价值。香味塑料主要用在薄膜、室内装饰、汽车除臭器、塑料香味工艺品等方面，起到装饰和调节环境气氛的作用。

10.香味皮革

加香技术在皮革中的最早应用是为了除臭，而今随着人们生活水平的提高，高雅而愉悦的气味日益受到消费者的青睐。与此同时，部分精油具有良好的抑菌、保健等功能，也有助于皮革产品品质的稳定。常见的产品包括手套、皮包、皮质家具等，香型包括花香型、柑橘香型等。

第六章

新技术在香精工业中的应用

第一节　萃取技术

一、水蒸气蒸馏法

水蒸气蒸馏法（HD）是最常用的提取方法，它是将待测物粉碎或者经过适当的预处理，浸泡一段时间后直接加热蒸馏，冷凝后得到挥发性成分。具体可分为水中蒸馏法、水上蒸馏法、直接蒸汽蒸馏法、水扩散蒸汽蒸馏法等。此方法的特点是设备简单、操作容易、成本低、产量高，最早用来提取脂溶性的香料，后来被广泛应用。但这种方法有一定的局限性，只适用于在水中溶解度不大、挥发性好的原料，且在蒸馏过程中温度过高，容易使热敏性化合物损失。

二、溶剂萃取

溶剂萃取（SE）利用的是相似相溶原理，采用低沸点的有机溶剂（如石油醚等），通过连续回流或冷浸的方式进行萃取，萃取液中的溶剂经过常压或减压蒸馏除去，即得粗制挥发油。此方法操作简便、温度低、提取率较高，可避免热不稳定性成分的过度损失。但其成本较高，有机溶剂用量较大，目前多用于实验室。

三、同时蒸馏萃取

同时蒸馏萃取（SDE）是样品溶液（水相）与萃取溶剂（油相）分别加热，二者蒸汽混合后，冷凝、分层，冷凝液回流，如此连续循环来萃取样品中的微量香气物质。同时蒸馏萃取法集合了水蒸气蒸馏和溶剂萃取的优点，对中、高沸点的香料萃取回收率较高，另外，连续萃取使待测成分得到浓缩，可实现痕量分析，具体装置如图 6-1 所示。但所需样品用量大，对萃取溶剂的要求较高，且样品经过长时间加热后，部分化合物容易损失或变化。

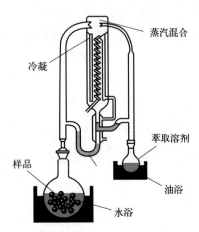

四、分子蒸馏

分子蒸馏（MD）是一种新型的蒸馏技术，在真空下操作，主要是利用不同物质分子运动平均自由度的不同而实现物质的分离，提取效率高，具有明显的特色和优越性，如图 6-2 所示。目前分子蒸馏技术已经在化学工业和许多天然植物挥发油的精制方

图 6-1　同时蒸馏萃取装置

面获得良好的应用。与普通的蒸馏比较，分子蒸馏在远低于沸点的温度下进行，对热敏性的物质破坏非常小；但是由于设备价格昂贵，且工艺条件要求高，设备加工难度大，因此在工业化中较难推广使用。

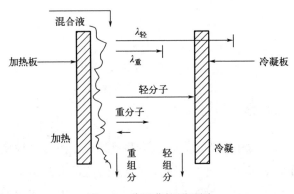

图 6-2　分子蒸馏原理图

五、超临界流体萃取

超临界流体萃取（SFE）是利用超临界流体的特性发展起来的一门新兴提取技术。超临界流体是指处于临界温度和临界压力以上、介于气体和液体之间的流体，兼有气体和液体的双重性质和优点，具有良好的溶解特性和传质特性。在临界点附近，温度和压力的微小变化可导致超临界流体物化性质的显著

改变，如图 6-3 所示。因此，通过温度和压力的改变可以使超临界流体具有选择性溶解物质的能力。基于超临界流体的这些性质，从混合物中选择性地溶解其中某些组分，即为超临界流体萃取。目前，应用最多的是二氧化碳体系，其临界温度为 31.26℃，临界压力为 72.9atm（7.39MPa）。相较于传统的萃取方法，因超临界流体具有低黏度和较高的扩散系数，比液体更容易通过植物物料内部进行扩散，可以大大提高萃取率；同时，能够避免受热、氧化分解，可用于萃取小分子、低极性、亲脂性活性物质，如肉桂等香辛料。

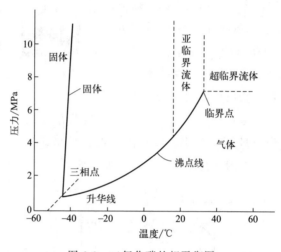

图 6-3　二氧化碳的相平衡图

六、超声波辅助萃取

超声波在提取溶媒中产生的空化效应和机械作用可有效地使目标成分呈游离状态并溶入提取溶媒中，超声波可加速提取溶媒的分子运动，使得提取溶媒和有效成分快速接触，加速相互溶合、混合的过程。超声波辅助萃取（UAE）具有提取温度低、提取率高、提取时间短的独特优势，被应用于中药材和各种动、植物有效成分的提取，是高效、节能、环保式提取方式之一。超声辅助萃取还包括超声辅助索氏提取法、超声波辅助结合真空蒸馏装置、连续超声辅助萃取等新技术。

七、溶剂辅助蒸发萃取

溶剂辅助蒸发萃取（SAFE）技术是德国 W. Engel 等在 1999 年发明的。

SAFE 系统是蒸馏装置和高真空泵的紧凑结合，由一套小巧的蒸馏单元和一个高真空泵组成；蒸馏单元包括物料漏斗、物料烧瓶、馏出液收集瓶、一级冷阱和二级冷阱，具体装置如图 6-4 所示。在高真空接近室温的条件下，利用水或其它有机溶剂辅助挥发性风味物质快速蒸发，分离难挥发、非挥发组分，减少了样品中热敏性挥发性成分的损失，避免了样品长时间在高温条件下处理可能发生的次级反应。样品中的热敏性挥发性成分损失少，萃取物具有样品原有的自然风味，特别适合于复杂的天然食品中挥发性化合物的分离分析。

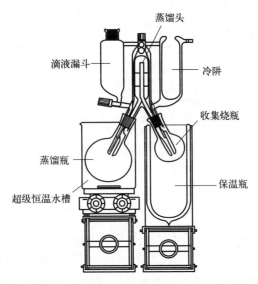

图 6-4　溶剂辅助蒸发萃取装置

八、固相微萃取

固相微萃取（SPME）技术因其灵敏性高、操作简单、方便快捷，富集到的目标产物能直接在气相色谱、气质联用上分析等优点，成为香料样品制备的最有效的手段之一。SPME 是以涂渍在石英玻璃纤维上的固定相（高分子涂层或吸附剂）作为吸收（吸附）介质，对目标分析物进行萃取和浓缩，并在仪器进样口中进行分析。萃取头的种类不同，其适用范围也不同（如表 6-1 所示）。SPME 的萃取方式包括两种：一是石英纤维直接插入试样中进行萃取，适用于气体与液体中的分析组分；另外一种为顶空萃取，适用于所有基质的试样中挥发性、半挥发性分析组分。SPME 是一种广泛使用的样品前处理技术，它集萃取、浓缩、解吸、进样于一体，适合于很多技术领域的样品处理和分析。但影响萃取结果的因素较多，重现性不好，只有在较佳的条件下才能获得较好的分析结果。

表 6-1　不同种类 SPME 萃取头的特性

萃取头种类	交联类型	适用范围
PDMS	非键合	小分子挥发、半挥发性非极性化合物
CAR/PDMS	部分交联	痕量挥发性化合物
DVB/CAR/PDMS	高度交联	$C_3 \sim C_{20}$ 大范围分析
PDMS/DVB	部分交联	醇、胺等极性挥发性、半挥发性化合物
CW/DVB	部分交联	极性化合物，尤其是醇类
PEG	非键合	挥发性及半挥发性化合物
PA	部分交联	极性半挥发性化合物，酚类
CW/TPR	部分交联	表面活性剂，多用于高效液相分析

九、搅拌棒吸附萃取

搅拌棒吸附萃取（SBSE）是对 SPME 法的改进。SBSE 是利用聚二甲基硅氧烷（PDMS）涂层包裹内置磁芯的搅拌棒，在自搅拌过程中萃取分析物。吸附剂的体积比 SPME 涂层高 $50 \sim 250$ 倍，具有更好的萃取能力和更高的分析灵敏度，可以消除 SPME 萃取过程中使用外加搅拌子产生的竞争性吸附。SBSE 是一种较为新颖的样品预处理技术，有顶空吸附、浸入吸附和混合吸附三种采样方式，吸附的物质可进行溶剂洗脱解吸或热解吸进行分离再分析检测。作为一种高效的样品前处理方法，SBSE 广泛应用于环境样品、食品样品、药物样品和挥发性物质的分离富集。

可见，针对不同的样品，在提取香味化合物时，应适当选择合适的方法。

第二节　仪器分析技术

大部分香料为挥发性化合物，因此气相色谱被视为最主要的分析手段，较为复杂成分的检测可通过色谱-质谱法联用技术、电子鼻和电子舌等其他方法来实现。

一、色谱分析与联用技术

1.气相色谱

气相色谱（GC）是一种多组分混合物的分离、分析工具，是目前香料研究中应用最广泛的分析方法之一。气相色谱系统的组成包括气源、进样系统、气路控制系统、色谱分离系统、检测器、记录仪表、温度控制器、检测器电路等。以气体为流动相，按待测物在相态的选择性分配系数的不同进行洗脱，最终达到分离检测的目的。传统的一维色谱在理论与应用方面均已较成熟，当样品更复杂时，可采用多维色谱技术。全二维气相色谱（GC×GC）是把分离机理不同而又互相独立的两支色谱柱以串联方式结合成二维气相色谱，在这两支色谱柱之间装有一个调制器，起捕集再传送的作用，从而极大提高峰容量和分辨率，同时也提高了灵敏度。

2.气相色谱-嗅闻

气相色谱-嗅闻（GC-O）技术是由 Fuller 等发明的，是一种将气相色谱的分离能力与人类鼻子的嗅觉系统相联系，从复杂的挥发性混合物中筛选香味物质的有效方法，开创了现代风味化学的新时代。将香味化合物的保留时间（RT）换算成保留指数（RI），再根据不同极性毛细管柱上的 RI，结合其在嗅闻仪嗅闻口的气味特征，与相关资料中的相关气味活性化合物进行对比，加以确定。RI 的计算公式如下：

$$RI = 100 \times \left[n + \frac{\lg t'(i) - \lg t'(n)}{\lg t'(n+1) - \lg t'(n)} \right]$$

式中，RI 为保留指数；n 为挥发性物质的碳原子数；$t'(i)$ 为待测组分的调整保留时间，min；$t'(n)$ 为具有 n 个碳原子正构烷烃的调整保留时间，min；$t'(n+1)$ 为具有 $n+1$ 个碳原子的正构烷烃的调整保留时间，min。

对于香味化合物的定性方法主要包括香气强度法（OSME）、香气提取物稀释分析（AEDA）、检测频率法（DFA）和香气活度值法（OAV）等。其中，AEDA 法是指通过逐步稀释萃取物，然后再由一组经过专业培训的评价员（通常是 3 人以上）对经 GC-O 分析的每个稀释度下的样品进行嗅闻分析；评价员只需说明在哪个稀释度下仍然能闻到被分析物，并描述该气味，直到不能嗅闻出气味为止。香味物质能够被检测到的最高稀释值即为稀释因子（FD）。一般来说香气强度较高或 FD 值较大，表明其贡献作用较强，属于重要的香味化合物。

3.高效液相色谱

高效液相色谱（HPLC）技术是在经典液相色谱的基础上，引入气相色谱的理论和技术而发展起来的。高效液相色谱系统主要由贮液器、脱气器、高压泵、进样器、色谱柱和检测器等组成。以液体为流动相，将待测物注入装有固定相的色谱柱中进行分离，随后进入检测器中进行检测。分离过程的实现是组分、流动相和固定相三者间相互作用的结果，分离不但取决于组分和固定相的性质，还与流动相的性质密切相关。与 GC 法相比，HPLC 法对试样的热稳定性和挥发性要求不高，一般在室温下即可分析，但如果液体黏度较大，则所需分析时间较长。

4.质谱联用

质谱（MS）可以进行多种有机物和无机物的定性定量分析，气相、液相色谱与质谱联用也是检测香料香精的一种常用的方法。离子迁移谱（IMS）是基于不同气相离子在电场中迁移速度的差异，从而对不同基质中痕量挥发性和半挥发性有机化合物进行检测的一项分析技术。其装置简单，检测时间短，出峰时间以毫秒为单位，单次检测时间最低可达 5s。近年来，随着迁移谱仪器技术的发展，其在香味物质的应用研究也日趋广泛。

色谱-质谱分析可提供更丰富的组分结构信息，如化合物的分子量、化学结构和劣变规律等，是一种特异性和灵敏度都很高的检测方法，因而近年来得以广泛应用。在色谱联用仪中，气相色谱和质谱联用仪（GC-MS）是开发最早的色谱联用仪器。1957 年，霍姆斯（J. C. Holmes）和莫雷尔（F. A. Morrell）首次实现气相色谱和质谱联用，此后这一技术得到长足的发展。由于从气相色谱柱分离后的样品呈气态，流动相也是气体，与质谱的进样要求相匹配，易于将这两种仪器联用，而且气质联用法综合了气相色谱和质谱的优点，弥补了各自的缺陷。其灵敏度远高于氢离子火焰检测器、热导检测器等；分析速度快，鉴别能力强，可同时完成待测组分的分离和鉴定，特别适用于多组分混合物中未知组分的定性和定量分析。质谱作为液相色谱的检测器使用，可以提高液相色谱的定性能力和检测灵敏度。对于大分子有机酸、氨基酸、糖醇、糖苷类挥发性较低的化合物，通常采用液质联用进行检测。其分离过程处于低温环境，适于热敏性化合物的分析。此外，对于含量较低的非挥发性物质，通常采用衍生化-气相色谱法进行分析，常用的衍生剂可分为烷基化试剂、酰基化试剂、硅烷化试剂和其他衍生试剂。

质谱及其联用技术还包括高分辨质谱（HR-MS）、气相色谱-迁移离子色谱（GC-IMS）、全二维气相色谱-飞行时间质谱联用仪（GC×GC-TOF/MS）和其他质谱及其联用技术。运用色谱-质谱联用法能够对挥发性组分进行快速准确分析，该方法也是目前最为有效的检测香料香精的手段，已被广泛应用于烟草、食品、精油等的检测中。

二、气味指纹分析技术

这门技术模拟人类的感官感知模式，基于传感器阵列技术和模式识别技术，通过"传感器-电脑软件分析-电子指纹"判定敏感的识别气味指纹及其变化。气味指纹分析技术采用化学计量学的数据处理方法得到直观、可靠、科学的分析结果，所用仪器为气味指纹分析仪，即"电子鼻"或"电子舌"，如图6-5所示。电子鼻和电子舌作为新颖的分析、识别和检测复杂气味的仪器，不同于色谱等仪器，给出的是样品气味的整体信息，而不是其中一种或几种成分的定性、定量结果。由于对气味的敏感性强、操作简便、检测速度快、重现性好等优点，电子鼻和电子舌在食品、环境、医药等领域都得到极大的重视和应用。

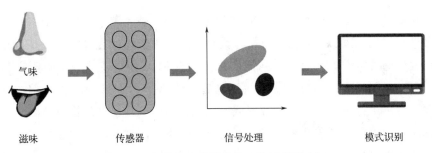

气味

滋味　　　　　　　传感器　　　　　　信号处理　　　　　　模式识别

图 6-5　电子鼻和电子舌的工作原理示意图

1.电子鼻

电子鼻又称人工嗅觉系统，是一项无损仿生嗅觉检测技术，电子鼻根据仿生学原理，模仿人类的鼻子，对气味有较高的敏感性和客观性，主要用来识别、分析、检测一些挥发性成分，通过识别气味而得到样品中挥发性成分的整体信息。电子鼻可简单地从结构上将传感器阵列、信号预处理、模式识别，分别与嗅黏膜、嗅小球、神经中枢相类比。主要是通过气体传感器和模式识别技术的结合模拟生物嗅觉系统，实现对气味分子（VOCs）的检测和识别。电子鼻可以通过模式识别来区分 VOCs 谱，目前已成功应用于军事、环境、食品等领域。在香料香精领域，电子鼻的用途大体上主要包括香气强度与香气香型差异的比较。

2.电子舌

电子舌是一种由交互敏感传感器阵列（味觉传感器）、信号采集器以及模式识别算法构成的智能分析仪器。其味觉传感器是由数种可感应味觉成分的金属丝组成，这些金属丝能将味觉信号转换成电信号；信号采集器将样本收集并存储在计算机内存中；模式识别算法则模拟人脑将采集的电信号加以分析、识别。电子舌可以对 5 种基本味——酸、甜、苦、辣、咸进行有效的识别，不仅能够对不同的液体食品如饮料、酒类等进行区分，也可以用在胶状或固体食物上。

三、其它技术

除了上述方法外，红外吸收光谱法（IR）、紫外可见吸收光谱法（UVAS）、拉曼光谱法（RAM）和核磁共振（NMR）等也是较为常见的方法。

1.拉曼光谱法

拉曼光谱是基于拉曼散射产生的光谱，当样品被光源照射后分子（极性和非极性）发生能级变化。它具有操作简单、样品无需前处理等特点，是近年来发展较快的检测方法。表面增强拉曼光谱（SERS）指将待测分子吸附在粗糙的纳米金属材料表面，可使待测物的拉曼信号增强 10 的 6～15 次方倍的光谱现象，解决了普通拉曼光谱灵敏度低的问题。作为一种新型的快速检测分析技术，表面增强拉曼光谱既承载了丰富的分子"指纹图谱"信息，又具有灵敏度高、检测速度快、操作简单、不受水分子干扰等优点，已广泛应用于食品安全、化学分析、生物医学、环境监测等领域。拉曼光谱在香精香料领域的检测还有待于进一步研究和应用，目前已用于快速识别烟用香料香精、苹果香精等。

2.核磁共振法

核磁共振波谱技术与紫外吸收光谱、红外吸收光谱类似，本质上是微观粒子吸收电磁波后在不同能级上的跃迁，只是核磁共振所涉及的微观粒子不是电子，而是原子核，是磁性原子核在磁场中吸收和再发射发生核磁能级的共振跃迁的一种物理现象。由于质谱是根据分子质量对结构进行推断，当化合物结构复杂时，或遇到同分异构体时，质谱不能得到准确的结构。NMR 是根据不同的氢原子或碳原子在核磁谱里有不同的化学位移，会出现不同的峰；根据出峰位置、峰强和耦合常数进行解析，可得到完整分子结构。核磁共振是目前结构解析中最权威的工具，在滋味化合物研究中也已普遍使用。

可见，随着科技的不断进步，香料香精的分析、检测方法也在不断进步与更新。选择合适的前处理方法以及检测方法，有助于实现快速、准确的分析检测。

第三节　微胶囊技术

微胶囊技术是利用天然或合成的高分子材料，将敏感物料包裹后形成封闭性较好的微小胶囊的一项技术。微胶囊技术源于 20 世纪 50 年代，在 70 年代中期受到关注，迅速发展，涌现出许多相关产品及工艺，目前已在医药、食品、生活用品等领域广泛应用。香料香精大多易挥发，易与其他组分发生反应，对高温、湿度大等环境敏感等，将香料香精进行微胶囊处理后可以较好地保护挥发的成分，提高其热稳定性和加工性，还能改进其缓释性能，延长留香时间等。

一、微胶囊的性质

微胶囊通常包括芯材与壁材两部分。芯材为活性物或者有效填充物，大多为亲水性或者疏水性的固体、液体、气体物质，如染料和颜料等色素、香精、调味品、药物等。壁材分为无机材料和有机材料，例如有机高分子聚合物、无机氧化物、水溶胶、多糖类等。壁材的选择取决于被包埋芯材的物理性质，如果是包埋疏水性的芯材，壁材宜选择亲水性的聚合物；如果是亲水性的芯材，则选择非水溶性的高分子材料来包埋。

典型的微胶囊的形貌包括单核单壁微胶囊、多核单壁微胶囊、多壁微胶囊以及复合微胶囊，结构有定形结构，也有无定形结构。按照粒径大小，微胶囊可以分为毫米级胶囊（大于 $1000\mu m$）、微米级胶囊（$1\sim1000\mu m$）和纳米级胶囊（小于 $1\mu m$）。微胶囊按照用途可分为缓释微胶囊、压敏型微胶囊、热敏型微胶囊、光敏型微胶囊等。

在微胶囊制备的过程中，壁材选择是一个需要考虑的重要因素。壁材能够影响干燥前乳化液的性能、干燥过程中有效成分的保留以及产品的保质期。因此，在选择壁材时，应首先了解其自身的理化性质，如溶解度、黏度、稳定性和吸湿性等，且要与芯材物质兼容匹配并符合相关规范及法律的要求。另外，壁材还应该具有优良的乳化能力和成膜能力等。微胶囊壁材的种类很多，一般为高分子聚合物，主要包括天然的、人工合成的和半人工合成的（如表 6-2 所示）。

表 6-2　微胶囊技术常用的壁材

类别	示例
天然高分子物质	壳聚糖、海藻酸盐、多孔淀粉、环糊精、阿拉伯胶、明胶、聚乳酸、琼脂等
人工合成高分子	聚乙二醇、聚乙烯乙醇、聚乙烯吡咯烷酮、三聚氰胺、尿素、聚酰胺等
半人工合成高分子	羧甲基纤维素钠、邻苯二甲酸醋酸纤维素、甲基纤维素、乙基纤维素等

人工合成材料主要有聚乙二醇、聚乙烯乙醇等，由于其良好的力学性能、热稳定性能，在食品包装、印刷和涂层过程中备受青睐，但由于其有较大毒副作用，不宜用于经口或经皮产品。半人工合成高分子材料黏性大，较人工合成高分子材料毒性低，但因其易水解且需现配现用，应用范围也受到限制。比较而言，天然高分子材料由于其生物相容性、可生物降解性等卓越性能，越来越多地被应用到不稳定天然活性成分的包封中；天然高分子材料微胶囊壁材大致可分为蛋白类聚合物和多糖类聚合物，蛋白类聚合物包括白蛋白和明胶等，多糖类聚合物主要包括壳聚糖、海藻酸盐、多孔淀粉、透明质酸等。每种壁材各有优缺点，只使用一种壁材往往不能满足产品性能的要求，因此通常将壁材混合复配使用。

二、微胶囊的制备

微胶囊的制备方法大体可分为物理法、化学法、物理化学法 3 个大类，物理法包括喷雾干燥法、挤压法、流化床法、超临界流体法、层层自组装法等，化学法包括界面聚合法、原位聚合法、界面配位法等，物理化学法包括相分离法、干燥浴法、熔化-冷凝法等。

1.喷雾干燥法

喷雾干燥法是香料香精微胶囊制造方法中应用最为广泛的方法。它是将壁材和芯材的混合溶液通过喷雾干燥装置的雾化器作用后，雾化成十分细微的雾滴，再利用热空气、冷空气或惰性气体等干燥介质与雾滴进行热与质的交换，溶剂发生汽化，最终熔融物固化得微胶囊。近几年来采用喷雾干燥法包埋的精油有柠檬油、甜橙油、薄荷油等。此方法方便、经济，使用的都是常规设备，产品颗粒均匀，且溶解性好，适合连续性生产。但其存在着不足之处，如高温操作条件不利于香精等热敏性物质的包埋，只适于掩蔽气味或把液体芯材转变成固态粉末形式，而不适于制备控释型微胶囊等。

2.挤压法

挤压法是将芯材物质分散于熔化了的糖类物质中，然后将其挤压通过一系列模具并进入脱水液体，这时糖类物质凝固变硬，同时将芯材物质包埋于其中，得到一种硬糖状的微胶囊产品。这一方法最早在1956年由Schultz等人提出，是目前商业生产方法的基础。此方法的优点是对氧化的稳定性高，货架期延长，且具有吸引人的颜色和外观等。但挤压法的产率不高且颗粒大，限制了其应用范围。

3.层层自组装法

层层自组装法借助各层分子间的强相互作用（如化学键等）或弱相互作用（如静电引力、氢键、配位键等），使层与层自发形成结构完整、性能稳定的分子聚集体。此方法具有操作简单、可调控纳米尺度上组装物质的厚度，且可广泛选择基体材料和组装物质等优点，在聚合物膜组装、电池、超级电容器、生物医药等领域具有广泛应用。

4.界面聚合法

界面聚合法是将芯材乳化或分散于溶有可形成壁材单体的连续相中，分散相与连续相不相容，在引发剂的作用下，则两相中的单体在芯材表面发生缩聚反应，制得微胶囊。利用界面聚合法对亲水材料或疏水材料的溶液或分散液都能有效地进行微胶囊化，即界面聚合法既适用于包埋水溶性芯材，也能包埋油溶性芯材。此方法工艺较简单，反应速率较快，效果好且不涉及复杂昂贵设备，常温下即可发生微胶囊化，目前应用非常广泛，如薰衣草精油、檀香油、丁香油等微胶囊产品。

5.原位聚合法

原位聚合法是将用于形成壁材的单体和引发剂一起加入溶有芯材的分散相或者连续相（悬浮介质）中，形成的预聚体在整个体系中的溶解性降低，在芯材的表面发生聚合反应形成聚合物薄膜，制得微胶囊。通过此方法可使用水溶性或者疏水性的单体及单体混合物，又可用均聚物、嵌段聚合物和接枝共聚物等替代单体形成壁膜。目前主要用于包裹茶树油、冬青油等，具有较好的缓释能力。

6.相分离法

相分离法是将芯材乳化或者分散于溶有壁材的连续相中，加入非溶剂或不良溶剂、凝聚剂，或通过改变温度、pH 使聚合物的溶解度降低，从溶液中凝聚出来，沉积在芯材表面形成微胶囊的方法。相分离法根据分散介质和包埋目的的不同可具体分为油相分离法和水相分离法，前者可以有效地对油溶性物质进行微胶囊化，后者适用于包埋亲水性芯材。采用相分离法可以有效地包埋不同种类的精油，如迷迭香油、薄荷油、柠檬油、甜橙油、茉莉油、薰衣草精油、广藿香精油等。但相分离法的实验条件控制要求和成本偏高等因素，限制了其在工业生产中的广泛应用，因此有待进一步研究与开发。

三、微胶囊的释放

释放是微胶囊的重要特性。粒径、pH、壁材等性质均会对释放产生影响。香精微胶囊中香精的释放方式主要包括即时、缓释和控释等。由于其各自的释香机理不同，因而在不同应用领域的适用性也不同。即使释放型香精微胶囊，由于香精被完全包覆在微胶囊的壁材内，释放需要通过机械外力的作用，如加压、摩擦等方式，或采用化学方法，通过相应的酶作用、溶剂的溶解等方式破坏微胶囊壁材来实现，因而，受外界环境的影响相对较小，其香味的稳定性更好。缓释型香精微胶囊，是指香精通过微胶囊壁材的孔隙缓慢地向环境中释放，从而延长香精芯材的释放速度。一般不需要外加条件，其释香的强度及持久性主要取决于壁材孔隙的大小以及香精自身挥发性的强弱。控释型香精微胶囊，是指香精微胶囊在受到外部环境如温度、光、pH 等刺激时，壁材外壳通过改变其中一种或多种属性来对外部环境刺激作出响应，从而将芯材以可调控的方式进行释放。

此外，随着纳米微胶囊、超临界溶液、超分子技术等的发展，以及新材料的使用，微胶囊技术也在不断更新迭代，以更好地满足人们的需求。

四、微胶囊的应用

1.日用品

（1）化妆品　目前，市场上的美容护肤类化妆品多是与水不相溶的油脂、表面活性剂和水组成的油包水或水包油的体系，此外，一些功能性成分如激素、酶、防晒剂等成分常被添加到此体系中以获得一定的保湿、润肤、美容等作用。微胶囊的使用可对化妆品原料建立涂层加以封装保护，从而扩大了很多原料的应用。其中，香精微胶囊成为提升膏霜乳液、沐浴产品、彩妆等化妆品品质的重要原料，如薰衣草、百里香、广藿香等精油的使用。微胶囊化可以保护香精不被热、光、水分氧化，在较长的货架期内不与其他物质接触，控制释放速率，进而满足消费者对化妆品香味品质不断增长的需求。

（2）洗涤剂　在洗涤剂产品中添加香料香精既不影响洗涤剂原有的去污力，同时还会增加衣物独特的香味。微胶囊的使用可以减少合成洗涤剂储存过程中的挥发损失，同时避免香精与洗涤剂之间的相互作用。香精微胶囊难以溶解，在摩擦过程中才会破裂分解并释放出香味，如洗涤、干燥、熨烫等过程，赋予使用者愉悦的香味体验。

（3）芳香纺织品　作为最常用的功能性纺织品之一，芳香纺织品成为近年来的研究热点。香精中的部分成分具有典型的挥发性和不稳定性，且对光、热敏感，易氧化和潮湿，因此直接在棉织物上添加香料香精的效果并不好。为满足耐洗、抗菌、留香时间长等产品需求，装载香精微胶囊的新型纺织产品应运而生。目前，香精微胶囊在织物上的应用主要分为留香织物、抗菌织物和驱蚊织物等。通过香精与壁材种类的优化组合，以及具有智能控释性能的微胶囊结构设计，可以在未来进一步提升芳香微胶囊的品质。

2.食品

香精微胶囊可用于掩盖食品中不愉悦的气味，作为食品添加剂在改善食品风味品质上具有重要作用。随着人们对食品品质需求的不断提升，可食用香精微胶囊在食品的加工、存储等方面体现出了重要发展潜力。通过采用天然植物精油为芯材，无毒无害、性能优良的天然聚合物为壁材，应用于食品风味改善以及食品保鲜等方面，从而达到增强产品特色、延长保质期的目的，为食品工业的发展提供助力。目前，香精微胶囊在多肽、油脂、益生菌、乳制品、调味品、肉制品、生物酶和营养强化剂等食品产业中均具有重要应用。随着微胶囊技术的不断发展，在未来食品中必能更好地满足消费者对食品风味和营养的多样化需求。

3.烟草

烟用香料香精往往具有低沸点、易挥发等缺陷，而香精微胶囊的使用可以起到有效的改善作用。近年来，爆珠香精（即烟用胶囊）日趋受到关注。卷烟"爆珠添加"技术是一种重要的辅助加香方式，在弥补卷烟烟气减少以及赋予卷烟特殊风味方面具有较好的应用效果，多用于香烟滤棒的加香。爆珠香精是外观为 2~4mm 的液芯小球，外层用壁材外壳包覆，具有较好的密封性，其外壳具有一定硬度，能够起到良好的保护作用。在使用时，通过外力挤压破碎，而达到释放香精的目的。爆珠香精的优点在于可防止香精的挥发变质，提高贮藏稳定性，同时可以强化香烟在抽吸过程中的香气和特性。爆珠香精的外形美观、流动性好、密闭性好、抗氧化性强，但其制备工艺较复杂，因此开发的技术难度较大。

第四节　感官分析技术

感官分析是用感觉器官对产品感官特性进行评价的科学。它利用科学客观的方法，借助人类的感觉器官（视觉、嗅觉、味觉、触觉和听觉）对食品的感官特性进行评定（唤起、测量、分析、解释），并结合心理、生理、化学及统计学等学科，对食品进行定性、定量的测量与分析，了解人们对这些产品的感受或喜欢程度，并分析产品本身质量的特性。感官分析法实用性强、灵敏性高，有助于解决一般理化分析所不能解决的复杂问题，在产品研发、品质控制、风味营销和质量安全监督检验等方面起到重要作用。感官分析的要素包括评价员、评价环境和评价方法。评价员是指参加感官测试的人员，评价环境是指参加感官测试时的环境。感官分析方法可以被粗略地分为两大类，即差别检验法和描述性分析法，具体分类方法参考图 6-6。

一、差别检验法

差别性检验要求评价员判断两个或者两个以上的样品间是否存在感官差异或者评价员是否更偏爱某个样品，并得出两个或两个以上样品间是否存在差异的结论，或者获得偏爱哪个样品以及偏爱程度的情况。差别性检验中，有成对比较试验法、三点检验法、二-三点检验法、五中取二检验法和"A"-"非 A"检验法等。各方法结果的分析方法互有区别。

1.成对比较试验法

也称二点试验法，其中有两种检验形式：差别成对比较法（也称二点差别试验法、简单差别试验、异同试验，为双边检验）、定点成对比较法（也称二点偏爱试验法，为单边检验）。在进行成对比较试验法时，首先应该分清是单边还是双边检验。在确定成对比较试验法是单边检验还是双边检验时，关键是

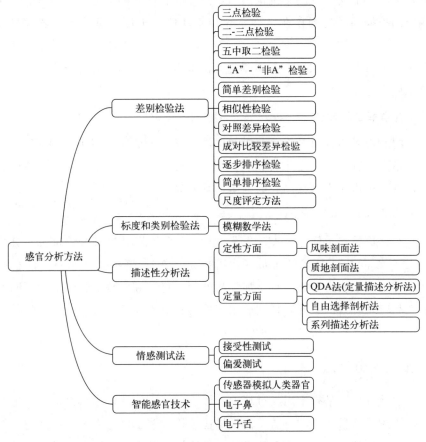

图 6-6　感官分析常见方法

看备择假设是单边还是双边的。当试验的目的是关心两个样品是否不同，则采用双边检验。当试验的目的是为了知道哪个样品的特性更好，或更受欢迎，确定某项改进措施或处理方法的效果时，通常使用单边检验。

2.三点检验法

也称三角试验法，是同时提供三个编码样品，其中有两个相同的，要求评价员挑选出其中不同于其他两样品的样品检查方法。该试验通常用于评价两样品之间的细微差异，如品质控制或仿制某个优良产品。

3.二-三点检验法

是先提供给评价员一个对照样品，接着提供两个样品，其中一个与对照样品相同，而另一个则来自不同的产品、批次或生产工艺，让评价员熟悉对照样品后，从提供的两个样品中挑选出与对照样品相同样品的方法。该试验用于区别两个同类样品间是否存在感官差异，尤其适用于评价员熟悉对照样品的情况，如成品检验和异味检查。二-三点检验法有两种形式：固定参照模式（以正常生产为参照样）和平衡参照模式（正常生产的样品和要进行检验的样品被随机用做参照样品）。

4.五中取二检验法

是同时提供给评价员五个以随机顺序排列的样品，其中两个是同一类型，另三个是另一种类型，要求评价员将这些样品按类型分成两组的一种检验方法。该试验可识别出两样品间的细微感官差异。

5."A"-"非 A"检验法

是在评价员熟悉样品"A"以后，再将一系列样品提供给评价员，其中有"A"也有"非 A"，要求评价员指出哪些是"A"，哪些是"非 A"的检验方法。该试验用于确定由于原料、加工、处理、包装和储藏等各环节的不同所造成的产品感官特性的差异，特别适用于检验具有不同外观或后味样品的差异检验，也适用于确定评价员对一种特殊刺激的敏感性。

二、描述性分析法

描述性分析法是指采用经过培训的评价员组成的评价小组对刺激的感官特性进行描述或定量评价的方法总称。描述性检验要求试验人员对食品的质量指标用合理、清楚的文字作准确的描述。描述性检验主要是对产品感官性质的感知强度量化的检验方法，主要用于新产品的研制与开发、评价产品间的差别、质量控制、为仪器检验提供感官数据、提供产品特性的永久记录、监测产品在储藏期间的变化等。

描述性分析的定性方法主要有风味剖面分析（FP），定量方法主要有质构剖面分析（TPM）、定量描述分析法（QDA）、自由选择剖面分析法（FCP）、频谱分析等方法，这些方法对评价员要求较高，耗时长，且分析结果的准确性与评价员训练程度相关。目前已经有快速描述性分析方法被提出，如适合项勾选法（CATA）、排序检验法（RDA）等。

1.风味剖面分析法

也称风味剖析法，是一种定性描述分析方法，广泛应用于感官评价中。是在对小组成员进行全面培训的基础上，使他们能够熟悉并分辨一种食品的所有风味特点，全体小组成员达成一致性意见，形成一套对产品的风味特征、风味强度、风味出现的顺序、余味和产品整体印象的描述性词汇。经过改进的风味剖面法也可以用数值标度得来的平均分定量分析食品的风味特征。风味剖面法方便快捷，结果不进行统计分析。一般不单使用，而是和其他仪器或方法相结合。

2.自由选择剖面分析法

由未经培训或略经培训的评价员用自己的语言对产品特性进行描述，从而形成一份个人喜好的描述词汇表，正式试验时，品评人员单独评价样品，并使用自己的词汇表在一个标度上对样品进行评价。由于评价员不需培训且评价员之间评价差异不会影响结果，所以这种方法适用于短时间内建立某种样品描述性词汇。但缺点是由于每个评价员使用的描述词不同，统计分析时需花大量时间去理解分析词汇，且结果只能显示样品之间整体差异，不能给出细微差别。

3.定量描述分析法

此方法要求评价员尽量完整地对形成样品感官特征的各个指标强度进行评价的检验方法。这种评价是使用以前由简单描述试验所确定的属于词汇中选择的词汇，描述样品整个感官印象的定量分析。采用此方法时，可单独或结合用于评价气味、风味、外观和质地。根据目的的不同，定量描述试验法的检验内容通常有特性特征的鉴定、感觉顺序的确定、强度评价、余味和滞留度的测定、综合印象的评估、强度变化的评估、扣分法等。定量描述检验的描述性检验数据可以用大多数统计学方法进行分析及图形化处理，如方差分析、主成分分析、聚类分析、相关性分析等，对质量控制、质量分析、确定产品间差异、新产品研发等等最为有效。

4.适合项勾选法

是一种检验消费者对产品感官特性感知差异的简单、快速的感官分析方法。消费者将看到一个属性列表，被要求指出哪些单词或短语能够恰当地描述所评估的样本的感官体验。当进行 CATA 时，消费者从属性列表中选择他们感知到的单词或短语来描述产品，这些词语可以包括感官属性、产品使用体验、情感反馈或者其他与所评估样本相关的描述或术语。该方法不需要专业的培训和维护，能够降低大量的时间和成本，还能够直接反映消费者的情绪感受。相较于定量描述分析或强度打分，CATA 方法不需要对属性的强度做出判断，只需要做出有或者无该特征的判断即可。

三、喜好测试法

此方法通常采用没有任何经验的普通消费者，主要使用该方法评估普通消费者对某种产品的喜爱和接受程度。其目的主要是估计目前潜在的消费者对某种产品、某种产品的创意或产品的某种性质的喜爱或接受程度，从而对产品进行质量维护，提高产品品质，对产品进行优化等。一般分为接受性测试及偏爱测试两大类。

1.接受性测试

是指对某个产品的喜好程度进行测量。

2.偏爱测试

是对某个产品相对于其他产品消费者所表现出的吸引力进行测量，获得的是相对喜好信息，并不表明对产品的喜好程度。偏爱测试分为成对偏爱测试（2个样品比较）和偏爱排序测试（2个以上样品比较）。

因此，喜好测试法适用于产品改良、挖掘消费者喜好以及扩大消费群体等方面，在实际研究中占据重要地位。

四、智能感官技术

智能感官技术除前文提到的电子鼻和电子舌外，目前也使用生物识别测量，包括面部表情、心率、皮肤电导、体温和眼动追踪等技术，作为理解感官测试中人类反应的复杂性质的工具。

面部表情的测量是研究人员通过捕捉人类在接受刺激时的下意识情绪表达引发不自主的面部动作来理解情绪，通常用来评估消费者对巧克力、啤酒、运动饮料、肉制品等的情绪反应。初步证据表明，食物中的面部表情对负面情绪（如"厌恶"）比积极情绪更敏感，并且可以通过使用更客观的面部表现测量来克服，例如分析面部肌肉运动而不是基本表情。

自主神经系统反应的检测，如心率评估、体温和皮肤电导用于捕捉参与者对不同刺激的情绪状态。但基于生物识别技术与食品应用相结合的结果可能因产品类型和文化背景而异。因此测量潜意识反应的技术需要与自我报告的评估相结合，以全面了解产品特征与感知之间的相互作用。

附 录

附录一　中英文对照表

中文	英文	中文	英文
香料	fragrance and flavor ingredient/material	香树脂	resinoid
		香型	type
香精	fragrance compound and flavorings	香韵	note
		香势	odor concentration
天然香料	natural fragrance and flavor ingredient/material	头香	top note
麝香	musk	体香	middle note
灵猫香	civet	基香	basic note
海狸香	castoreum	调合	blend
龙涎香	ambergris	调合剂或协调剂	blender
麝鼠香	muskrat perfume	修饰	modify
单离香料	perfumery isolates	修饰剂或变调剂	modifier
合成香料	synthetic fragrance and flavor substance	香基	base
		芳香	fragrant
辛香料	spice	酸香	acid
精油	essential oil	焦香	burnt
浸膏	concrete	脂香	caprylic
油树脂	oleoresin	日用香料	fragrance ingredient
酊剂	tincture	日用香精	fragrance compound
净油	absolute	玫瑰	rose
花香脂	pomade	茉莉	jasmine
香膏	balsam	白兰	michelia
树脂	resin	橙花	neroli

中文	英文	中文	英文
刺槐花	acacia	东方香型	oriental
丁香	lilac	古龙	cologne
杜鹃花	azalea	琥珀香	amber
风信子	hyacinth	木香	woody
广玉兰	magnolia	檀香	santal
桂花	osmanthus	皮革香	leather
金银花	honeysuckle	苔香	moss
铃兰	lily of the valley	香水	perfume
三叶草	clover	花香型香水	floral perfume
山梅花	philadelphus	幻想型香水	fancy perfume
山楂花	may blossom	古龙水	perfumed cologne
水仙	narcissus	花露水	floral water
桃花	peach blossom	化妆水	toilet water
晚香玉	tuberose	食用香精	flavorings
仙客来	cyclamen	食品用香精	food flavorings
香罗兰	wallfower	液体香精	liquid fragrance compound and flavorings
香石竹	carnation		
香水草	heliotrope	固体香精	solid fragrance compound and flavorings
薰衣草	lavender		
依兰依兰	ylang ylang	乳化香精	emulsified fragrance compound and flavorings
银白金合欢	mimosa		
栀子花	gardenia	浆膏状香精	paste fragrance compound and flavorings
紫罗兰	violet		
紫藤花	glycine	香辛料	spices
香豌豆	sweet peas	香辛料调味品	spices and condiments
馥奇	fougere	烟用香精	tobacco flavorings
素心兰	chypre	饲料用香精	feed flavorings

附录二　应用日用香精的产品名单及相关要求

应用日用香精的十二类产品具体为（GB/T 22731-2022）：

序号	类别	产品
第1类	应用于嘴唇部的产品[①]	所有类型的唇部用品(固体和液体唇膏、脂、澄清的、着色的)
第2类	应用于腋下的产品	各类祛臭和抑汗产品,包括拟用于或合理的可预见的用于腋下的或这样标示的产品(喷雾的、棒状的、滚珠的、腋下的除臭古龙水等)、体用喷雾产品[包括体用喷雾剂(bodymist)]
第3类	用指尖涂抹于面部和身体的产品	所有类型的眼部用品[眼影、睫毛曲/膏、眼线膏(笔)、眼部彩妆、眼膜、香味眼罩(eye pillows)等],包括眼部护理和保湿用品、面部美容品和底霜、面部和眼部卸妆用品、鼻孔条(毛孔清洁鼻贴)(nose pore strips)、脸、颈、手、体用的擦拭品或清新纸巾、儿童和成人的体用和脸用彩绘品、面部和眼部用的面膜
第4类	与香水(fine fragrance)相关的产品(一般用于颈部、面部和腕部)	各种类型的水醇型和非水醇型香水[淡香水(盥洗水)、浓香水、古龙水、固体香水、芳香膏霜(fragrancing cream)、各种类型的须后用品等]、加香手镯、香水套装组件和成套化妆品用的日用香精(ingredients of perfume kits and fragrance mixtures for cosmetic kits)、香水取样用香味垫和铝箔包装香片(scent pads,foil packs)、水醇产品香条(scent strips far hydroalcoholic products)
第5类	用手(手掌)涂抹于脸部和身体的产品,主要为驻留类产品	5A类:用手(手掌)涂抹于身体的乳液(body lotion),主要为驻留类产品:所有类型的体用膏、霜、油、露、护足用品(膏霜、粉)、拟用于皮肤上的昆虫驱避剂、所有粉类和滑石粉(不包括婴儿用粉和滑石粉)
		5B类:用手(手掌)涂抹于脸部的润湿保水产品,主要为驻留类产品:脸部化妆水[爽肤水(facial toner)]、面部保湿品和膏霜
		5C类:用手(手掌)涂抹于手上的膏霜产品,主要为驻留类产品:手用膏霜、指(趾)甲护理品[包括指(趾)甲油等]、手部清洁剂(hand sanitizers)
		5D类:婴幼儿用膏、霜、露、油、婴儿粉和滑石粉
第6类	暴露于口腔和嘴唇部的产品[①]	牙膏;漱口剂,包括口腔清新喷雾剂;牙粉、牙条;漱口片(口腔清洁片,mouthwash tablets)
第7类	应用于头发的产品,多少会与手接触	7A类:应用于头发的淋洗类产品,多少会与手接触。长效烫发剂或其他头发化学处理剂(淋洗类),例如直发剂,包括淋洗类染发剂
		7B类:应用于头发的驻留类产品,多少会与手接触。所有类型的喷发用品(泵式、喷雾式等)、非喷雾型头发成型助剂(摩丝、凝胶、驻留类护发素)、长效烫发剂和其他头发化学处理剂(驻留类,例如直发剂)、包括驻留类染发剂、干香波(无水香波)、头发除臭剂

序号	类别	产品
第8类	明显暴露于肛门与生殖器的产品（显著接触肛门与生殖器的产品）	私密处擦拭品(intimate wipes)；卫生棉条(tampons，止血塞)；婴幼儿擦拭品(baby wipes)；卫生纸(巾)(湿的)
第9类	暴露于身体和手的产品，主要为淋洗类产品	块皂/香皂；所有类型香波；脸用清洁剂(淋洗类)；淋洗类调理剂(conditioner)；液皂；所有类型的体用洗涤用品和淋浴凝胶；婴儿洗护品、沐浴用品、香波；加到浴缸水中的浴用凝胶、起泡剂、摩丝、浴盐、油类和其他产品；护足产品(将足浸泡在浴盆中)；所有类型的剃须膏霜(棒状、凝胶、泡沫等)；机械除毛用的所有类型的脱毛剂(包括脸部用)和蜡；宠物用香波
第10类	大多与手接触的家庭护理用品	10A类：不包括气雾产品(气溶胶/喷雾品)的家庭护理用品：手洗衣物洗涤剂(包括浓缩品)；所有类型的洗衣前处理剂；手洗餐具洗涤剂(包括浓缩品)；所有类型硬表面清洁剂(浴室和厨房清洁剂，家具上光剂等)；与皮肤接触的机洗衣物洗涤剂(例如液体，粉末)，包括浓缩物；干洗成套用品；厕所座位擦拭剂(toilet seat wipes)；所有类型的织物柔软剂，包括织物柔顺片(softener sheets)；其他类型的家庭清洁用品，包括织物清洁剂，软表面清洁剂，地毯清洁剂，皮革清洁用擦拭剂，污渍去除剂，织物香氛喷雾(fabric enhancing sprays)，织物处理剂(例如淀粉喷雾剂，洗涤后织物加香处理品，织物除臭剂)；地板蜡；灯圈用芳香油(fragranced oil for lamp ring)，香熏藤条(reed diffusers)，房间熏香用的干花和叶的混合品(pot-pourri)，液体空气清新剂替换装，非替芯包装(liquid refills for air fresheners, non-cartridge systems)等；熨烫用水(加香蒸馏水)
		10B类：家庭用气溶胶/喷雾品；动物用各类喷洒产品；空气清新喷洒用品，手动的，包括气雾剂型和泵式；气雾剂型/喷洒型杀虫剂
第11类	拟与皮肤接触的产品，但香料从惰性底物转移到皮肤的概率极小	11A类：拟与皮肤接触但不与紫外线接触的产品，香料从惰性底物转移到皮肤的概率极小：妇女卫生用品(常规的月经衬垫，阴唇垫)；尿布(婴儿和成人)；成人尿失禁裤、垫；厕所用纸(干的)
		11B类：拟与皮肤接触且可能暴露于紫外线的产品，香料从惰性底物转移到皮肤的概率极小：含保湿剂的连袜裤(tights)；加香的袜子、手套；干面巾；餐巾；纸巾；芳疗用麦袋(wheat bags)；面膜(纸质的/保护性的)，例如不当作医药用品的外科面膜；固态肥料(片状或粉状)

序号	类别	产品
第 12 类	不与皮肤直接接触的产品,香料转移到皮肤上的概率极小或不明显	所有类型的蜡烛(包括盒装的);与皮肤极少接触的洗衣机用洗涤剂(例如液体的,片状的,颗粒状的);自动的空气清新剂和各种类型的加香油[具有计量剂量的浓缩的气溶胶(范围为 0.05～0.5mL/喷),插件(plug-ins),密闭体系,固态底物,膜输送的,电动的,粉末状的,发香的香袋(sachets),燃香(盘香、线香),再充装液体墨盒(liquid refills cartridge),清新空气香珠(Air freshening crystals)];空气输送体系;猫砂(cat litter);手机外套;与皮肤不接触的除臭剂/气味掩盖剂(例如织物干燥机用除臭剂,地毯粉);燃料;除虫剂(例如盘形蚊香,驱蚊纸,电动的,服装上用的),不包括气溶胶/喷雾产品;拜佛用的香;机用餐具洗涤剂和除臭剂;芳香桌面(棋、牌)游戏用品(olfactive board games);涂料;塑料制品(不包括玩具);一刮即嗅品(scratch and sniff);香水盒(scent pack);香气输送系统(用干空气技术);鞋油;洁厕剂(rim blocks,toilet)

① 唇用产品及接触口腔的产品,除符合本文件规定外,所用的香料还应同时符合 GB 2760 及其增补公告中允许使用的香料的规定,其所用辅料应符合 GB 30616 中允许使用的辅料及最终产品中允许使用的原料的规定。

● 参考文献

［ 1 ］Ashurst P. R. ,et al. Food Flavorings. Second Edition. Blackie Academic & Professional, 1995.

［ 2 ］Belitz H. D. , Grosch W. Food Chemistry. Second Edition. New York:Springer, 1999.

［ 3 ］Bernard L. Oser and Richard A. Ford. Recent progress in the consideration of flavoring ingredients under the food additives amendment, 6. GRAS Substances. Food Technology, 1973, 27（1）:64-68.

［ 4 ］Bernard L. Oser and Richard A. Ford. Recent progress in the consideration of flavoring ingredients under the food additives amendment, 10. GRAS Substances. Food Technology, 1977, 31（1）: 65-74.

［ 5 ］Bernard L. Oser and Richard A. Ford. Recent progress in the consideration of flavoring ingredients under the food additives amendment, 11. GRAS Substances. Food Technology, 1978, 32（2）: 60-70.

［ 6 ］Bernard L. Oser and Richard A. Ford. Recent progress in the consideration of flavoring ingredients under the food additives amendment, 12. GRAS Substances. Food Technology, 1979, 33（7）: 65-73.

［ 7 ］编委会. 天然香料手册. 北京：轻工业出版社, 1989.

［ 8 ］编写组. 中国香料植物栽培与加工. 北京：轻工业出版社, 1985.

［ 9 ］陈煜强, 刘幼君. 香料产品开发与应用. 上海：上海科学技术出版社, 1994.

［10］David J. R. Aroma Chemicals for Savory Flavors. Perfumer &Flavorist, 1998, 23（4）:9-16.

［11］范继善. 实用食品添加剂. 天津：天津科学技术出版社, 1993.

［12］Gerard Mosciano, et al. Organoleptic characteristics of flavor materials. Perfumer & Flavorist, 1990, 15（1）:19-25.

［13］Gerard Mosciano, et al. Organoleptic characteristics of flavor materials. Perfumer & Flavorist, 1993, 18（4）:51-53.

［14］Gerard Mosciano, et al. Organoleptic characteristics of flavor materials. Perfumer & Flavorist, 1993, 18（5）:39-41.

［15］Gerard Mosciano, et al. Organoleptic characteristics of flavor materials. Perfumer & Flavorist, 1994, 19（1）:27-29.

［16］Gerard Mosciano, et al. Organoleptic characteristics of flavor materials. Perfumer & Flavorist, 1994, 19（3）:51-53.

［17］Gerard Mosciano, et al. Organoleptic characteristics of flavor materials. Perfumer & Flavorist, 1994, 19（4）:45-47.

［18］Gerard Mosciano, et al. Organoleptic characteristics of flavor materials. Perfumer & Flavorist, 1995, 20（3）:63-65 .

[19] Gerard Mosciano, et al. Organoleptic characteristics of flavor materials. Perfumer & Flavorist, 1996, 21（1）:33-35.

[20] Gerard Mosciano, et al. Organoleptic characteristics of flavor materials. Perfumer & Flavorist, 1996, 21（2）:47-49.

[21] Gerard Mosciano, et al. Organoleptic characteristics of flavor materials. Perfumer & Flavorist, 1996, 21（3）:51-54.

[22] Gerard Mosciano, et al. Organoleptic characteristics of flavor materials. Perfumer & Flavorist, 1996, 21（4）:51-55.

[23] Gerard Mosciano, et al. Organoleptic characteristics of flavor materials. Perfumer & Flavorist, 1996, 21（5）:49-54.

[24] Gerard Mosciano, et al. Organoleptic characteristics of flavor materials. Perfumer & Flavorist, 1996, 21（6）:49-54.

[25] Gerard Mosciano, et al. Organoleptic characteristics of flavor materials. Perfumer & Flavorist, 1997, 22（1）:57-59.

[26] Gerard Mosciano, et al. Organoleptic characteristics of flavor materials. Perfumer & Flavorist, 1997, 22（2）:69-72.

[27] Gerard Mosciano, et al. Organoleptic characteristics of flavor materials. Perfumer & Flavorist, 1997, 22（3）:47-50.

[28] Gerard Mosciano, et al. Organoleptic characteristics of flavor materials. Perfumer & Flavorist, 1997, 22（4）:75-78.

[29] Gerard Mosciano, et al. Organoleptic characteristics of flavor materials. Perfumer & Flavorist, 1997, 22（5）:67-69.

[30] Gerard Mosciano, et al. Organoleptic characteristics of flavor materials. Perfumer & Flavorist, 1997, 22（6）:41-43.

[31] Gerard Mosciano, et al. Organoleptic characteristics of flavor materials. Perfumer & Flavorist, 1998, 23（1）:33-36.

[32] Gerard Mosciano, et al. Organoleptic characteristics of flavor materials. Perfumer & Flavorist, 1998, 23（2）:43-46.

[33] Gerard Mosciano, et al. Organoleptic characteristics of flavor materials. Perfumer & Flavorist, 1998, 23（3）:55-57.

[34] Gerard Mosciano, et al. Organoleptic characteristics of flavor materials. Perfumer & Flavorist, 1998, 23（4）:33-35.

[35] Gerard Mosciano, et al. Organoleptic characteristics of flavor materials. Perfumer & Flavorist, 1998, 23（5）:49-52.

[36] Gerard Mosciano, et al. Organoleptic characteristics of flavor materials. Perfumer & Flavorist, 1998, 23（6）:57-59.

［37］Gerard Mosciano. The Creative Flavorist. Perfumer & Flavorist, 2000, 25（1）:49-50.

［38］Gerard Mosciano. The Creative Flavorist. Perfumer & Flavorist, 2000, 25（2）:52-53.

［39］Gerard Mosciano, et al. Organoleptic characteristics of flavor materials. Perfumer & Flavorist, 2000, 25（4）:71-74.

［40］Gerard Mosciano, et al. Organoleptic characteristics of flavor materials. Perfumer & Flavorist, 2000, 25（5）:72-78.

［41］Gerard Mosciano, et al. Organoleptic characteristics of flavor materials. Perfumer & Flavorist, 2000, 25（6）:26-31.

［42］Hall R. L. and Oser B. L. Recent progress in the consideration of flavoring ingredients under the food additives amendment, Ⅲ. GRAS Substances. Food Technology, 1965, 19（2）:151-197.

［43］黄致超，许栋强．精细化工配方．广州：广东科学技术出版社，1995.

［44］济南轻工研究所．合成食用香料手册．北京：轻工业出版社，1985.

［45］李和，等．食品香料化学．北京：轻工业出版社，1992.

［46］林进能．天然食用香料生产与应用．北京：轻工业出版社，1991.

［47］毛培坤．新机能化妆品和洗涤剂．北京：轻工业出版社，1993.

［48］Newberne P., Smith R. L., Doull J., et al. GRAS Flavoring substances 19. Food Technology, 2000, 54（6）:66-84.

［49］Oser, B. L. and Hall, R. L. Recent progress in the consideration of flavoring ingredients under the food additives amendment, 5. GRAS Substances. Food Technology, 1972, 26（5）:36-41.

［50］邵俊杰，林金云．实用香料手册．上海：上海科技文献出版社，1991.

［51］Smith R. L. Richard A. Ford. Recent progress in the consideration of flavoring ingredients under the food additives amendment, 16. GRAS Substances. Food Technology, 1993, 47（6）: 104-117.

［52］Smith R. L., Doull J., Feron V. J., et al. GRAS flavoring substances 20. Food technology, 2001, 55（12）:34-55.

［53］Smith R. L., Cohen S. M., Doull J., et al. GRAS flavoring substances 21. Food technology, 2003, 57（5）:46-59.

［54］Smith, R. L., Cohen, S. M., Doull, J., et al. GRAS Flavoring Substances 22. Food Technology, 2005, 59（8）:24-62.

［55］Waddell, W. J., Cohen, S. M., Feron, V. J., et al. GRAS Flavoring Substances 23. Food Technology, 2007, 61（8）:22-61.

［56］Cohen, S. M., Eisenbrand, G., Fukushima, S., et al. GRAS flavoring substances 30. Food Technology, 2022, 76（3）: 58-72.

［57］孙宝国．日用化工词典．北京：化学工业出版社，2002.

［58］孙宝国，等．食用调香术．北京：化学工业出版社，2003.

［59］孙宝国，陈海涛．食用调香术．3版．北京：化学工业出版社，2017.

［60］孙宝国，何坚．香料化学与工艺学．北京：化学工业出版社，2004.

［61］孙宝国，刘玉平．食用香料手册．北京：中国石化出版社，2004.

［62］王德峰．食用香味料制备与应用手册．北京：中国轻工业出版社，2000.

［63］夏铮南，王文军．香料与香精．北京：中国物资出版社，1998.

［64］许戈文，李布青．合成香料产品技术手册．北京：中国商业出版社，1996.

［65］张承曾，汪清如．日用调香术．北京:轻工业出版社，1989.

［66］郑友军，等．调味料加工与配方．北京：金盾出版社，1993.

［67］中国就业培训技术指导中心．调香师（基础知识）．北京：中国劳动社会保障出版社，2015.

［68］国家卫生和计划生育委员会．食品安全国家标准　食品添加剂使用标准：GB 2760—2014.

［69］国家卫生健康委员会，国家市场监督管理总局．食品安全国家标准　食品用香精：GB 30616—2020.

［70］国家市场监督管理总局，国家标准化管理委员会．日用香精：GB/T 22731—2017.